CUSTOMER LOYALTY LOOP

The Science Behind Creating Great Experiences and Lasting Impressions

常客行銷

消費者為何再次購買？銷售如何持續不斷？

NOAH FLEMING

諾亞·弗雷明——著 吳靜——譯

目錄

Chapter 05 階段三：重視顧客體驗 151

Chapter

前言

開門見山，首先說明一下，我不是心理學家或科學家，在虛擬的網路世界裡也不是。你能明白嗎？既然我已經解釋清楚，你們仍然想看我的書，那麼就來談談這本書吧。

書中所寫的都是我與客戶一起做過的專案，我提供他們建議，幫助他們了解如何發展公司，如何增加公司的收入與利潤，如何讓顧客愉快地花錢購買他們的產品等。

儘管我並不是一名銷售心理學博士，但是對於「幫助各個公司找回他們的顧客，讓顧客繼續購買，甚至買得更多」這樣的主題，我十分感興趣。我的客戶也認為這是我擅長的——或許也是最擅長處理這些問題的人之一。

現在，有這樣一個普遍現象，隨意點擊任何一個網路連結，像大多數早晨打開電子信箱查收郵件一樣，你一定會發現起碼有五位「專家」告訴你和你的公司，該如何獲取新顧客，完成更多的生意。我們所面臨的無情現實是：獲取新顧客相當容易，但是如果方法不當，則會帶來嚴重的後果。

幾乎在每一筆生意中，建立以及維護與顧客的長期關係並從中獲利，這些都很困難，但也更有價值。而這個過程，在潛在顧客和公司裡任何一名員工接觸溝通之前，早就已經開始了。大多數公司不是真正懂得用什麼方法來留住顧客，也不知道「顧客維護」與「顧客忠誠」是在還未開發新顧客之前就應該優先考慮的。最近一項調查發現：七二%的小型公司計畫將行銷預算中的絕大部分用於開發新顧客，用於維繫老顧客的預算只有二三%。他們當中只有三〇%認為自己有和顧客保持持續的關係，但這還只是他們自己的猜測。[1]這個數字絕不是杜撰出來的！他們認為自己的顧客會回來繼續購買他們的產品，但又不敢確定，這讓我很驚訝。雖然這種情況不應該出現，但確實存在。

即便如此，調查結果是真的。在我的第一本書著作《常青》（*Evergreen*；中文書名暫譯）[2]中就寫道：大部分公司花費大量的時間追求新顧客，而這些時間本可以用來與老顧客建立更深、更有利潤的關係。理由是什麼？也許只能找電影《星際大戰》中擁有過人智慧的尤達大師來告訴我。

好吧。坦白說，因為開發新顧客更有樂趣、更吸引人，而且效果立竿見影。對於需要更關注老顧客的說法，其實大家早已經聽過無數次。他們在會議上聽過無數次這樣的觀點，他們請顧問、專家來公司跟員工講顧客服務。他們從很多書中也了解到這一點很重要。有一個大家聽膩的老掉牙說法，就是開發一個新顧客的成本是留住一個老顧客的成本的五倍，說這老掉牙是因為：沒有人知道怎麼讓老顧客產生這五倍的價值。其實這或許是下一個值得討論的問題。

從來沒有人能夠說明如何真正、完整地做到顧客維護與顧客忠誠。這是一套可以測量且創造明顯投資回報的系統——也是公司高階主管需要看到的。在我寫《常青》之前，還沒有建立起一個能用來追蹤、維護、培養、建立顧客關係的適當「顧客維護」過程。而「關係」這個詞即使在商業界裡也是被大量地誤解。在這本書中，我將談到更有力的東西。當然這本書並不是我前一本著作《常青》的續集，它是基於你想獲得顧客價值的努力，它是一個思維定勢。我們可以關注新顧客，也可以關注老顧客，或者兼顧兩者。

讓我們回到有關心理學家和科學家的事。顧客的購買行為是什麼，如何影響購買行為，更重要的是，如果顧客繼續和你做交易，顧客體驗對購買行為會有多大的意義，關於這些問題，一個指導顧客維護的專家能教你什麼呢？事實證明，能教你很多東西。自從二〇〇五年以來，我與成百上千家公司，成千上萬的個人合作過。我閱讀研究了所能獲得的一切資料，從關於銷售和行銷的傳統理論到現代心理學書籍，以及大量讓人著迷的神經行銷學（neuromarketing）資料。

但那又如何？並沒有什麼意義。這些資料中不乏最新的研究結果和巧妙的想法，可是當你遇到顧客造訪網站、致電諮詢或者最後拿出信用卡點選「完成訂購」按鈕等實際情況時，這些想法都無法提供實用的資訊。

除非我們知道如何真正將這些純粹的心理學資料用於日復一日的工作中，否則這些資料一點用都沒有。對我而言，最好的學習資源就是與客戶一起工作，觀察他們的實戰。用一雙細心的眼睛觀察如何讓所有準備發揮作用，同時注意觀察顧客的反應。這是一個觀察的過程，不僅僅是為了獲得顧客，而是了解全部過程中每一個環節的意義。要特別注意，**一筆交易完成後還有很多事情要做**：讓這些顧客成為回頭客，或是讓顧客推薦顧客，進行品牌宣傳、口碑行銷。我的許多客戶都很相信這些，而且也這麼做，因為他們看到這樣做的效果。這些恰好是許多公司極度需要的幫助。

書中提及到的一些情況，倒回去看的話，碰巧真的發生了。舉個例子，當我們發現某種洞察力、某種感覺、某一時刻，或是某個結果中有讓人感興趣的東西時，我們總是會去尋找，而且往往都能找到某種學科理論來支持它。然後，將它們應用在不同產業客戶的生意往來上，我們（包括我自己）以此進行了驗證。在一些特殊領域的學科理論，如幸福學，或從那些從事奇特活動的心理學家們身上，有些東西是讓人震驚的。這些對你來說有什麼意義嗎？

答案非常有意義。大多數公司都很喜歡用「終身顧客」這個概念。這個詞經常出現在很多書中，或是眾多關於如何讓顧客高興的五十件事或一百件事的演講中。實際上，他們大多缺少有系統、可複製的過程，而這些過程卻是能讓你真正用來獲得新顧客，並讓顧客保持長時間購買力，或是讓你可以持續提取顧客的價值。而我就是要告訴你們如何來做到這些過程。

「遊說」可以解決問題嗎？

提個老生常談的問題：如何說服顧客購買呢？

其實更重要的是：如何說服顧客二次購買、買得更多、買了又買？答案就在這本書裡。我會告訴你究竟怎樣讓你的顧客開心地買了又買、買到瘋狂。事實上，在過去十年裡，我大部分的工作就是為我的每一個客戶回答這個問題。正如前文提及的，建立顧客忠誠度遠早於銷售。

那麼「口碑行銷」呢？如何培養出能為你宣傳公司口碑的顧客？本書拋開那些噱頭，告訴你簡單、有效、有系統且真正可實施的方法。例如，你會了解到關於口碑行銷的一些謬誤。當然我並不是說負面的口碑行銷。我指的是，為你帶來新顧客的「口碑」有時可能是有負面影響的。接下來的內容會討論一些有正面影響的。

好消息就是：其實無論你的公司是做什麼的，這些觀念和做法對你的公司都有用。我的客戶範圍從年銷售額一兩百萬美元的小公司，到資產超過十億美元的商業地產開發商、清潔服務公司、線上線下零售商、價格高昂的B2B（business-to-business）設備製造商、小承包商等。

我曾經和很多線上線下的大中小型公司打過交道。他們都認為需要同時了解現有顧客和潛在顧客，這對行銷來講尤為重要。我了解我的客戶，他們有自己的顧客群，他們想知道有哪些更好的方法可以吸引顧客，加強與顧客的關係，從而讓收益增長。他們不想白白浪費掉為了獲取顧客而投入的時間、精力和財力。我的大部分客戶的銷售額在五百萬美元到十億美元之間，即使你的公司銷售額少於五百萬美元或多於十億美元，這本書一樣適用。

只要你有顧客，這本書就適合你。

邏輯使人思考，情緒讓人購買

不管你從事銷售或行銷多長時間，相信一定聽過上面這句話。自從電視劇《廣告狂人》（*the Mad Men*）開播以來，那些注重顧客情感的精明銷售員和行銷專家們就經常重複這句話。劇中人物唐・德雷柏（Don Draper）為菸商做廣告，菸商想讓顧客認為抽菸無害而持續購買香菸，即使在劇中年代四十年後的今天，我們仍然可以從劇中學到為什麼顧客會說「YES」，為什麼最終會決定買下東西，為什麼最終會在合約上簽字。當然，我也幫助我的客戶處理這些問題。但是，在我看來，如何與顧客進行一次又一次的交易，這樣重要的問題更加容易被曲解。而這恰好就是我可以幫助客戶解決的。

羅伯特・席爾迪尼（Robert B. Cialdini）博士的經典著作《影響力：讓人乖乖聽

話的說服術》（*Influence: The Psychology of Persuasion*）中[3]，就曾解釋是什麼樣的心理讓顧客說「YES」，以及如何讓顧客說「YES」。席爾迪尼是說服術與影響力的研究權威。這本書最初是在學術界發行，雖然銷量差，但多年以來一直是銷售、行銷主管追捧的說服術手冊。直到上市十年後，這本書的銷量才像野火一樣迅速上升，席爾迪尼也成為銷售和行銷界裡如神一般的人物。

我曾經有機會和席爾迪尼交流互動，就連他自己都很驚訝，為什麼這本書最近如此紅。坦白說，即使他真的不理解為什麼等了這麼長時間，這本書才成為改變與顧客互動方式的商界巨著，然而書中有些觀點卻是我很認同的。其中一點就是：影響力雖然非常有效，但是在生意場上人們只能用來為善而不是作惡。席爾迪尼認為，可以透過觸發顧客內心這一心理觸點，讓他們乖乖地掏出錢包，或者在顧客身上運用這個新發現，讓他們狂熱追隨並被說服去做一些了不起的事情。和席爾迪尼一樣，我認為這些說法會吸引行銷人員，並為之興奮。

本書中提到的策略和方法也是很實用。正確地使用，你就會獲得遠遠超出你所能想像的收入與成長，但是你一定要保證，永遠不會用這些策略和方法作惡，雖然從技術的角度來講也會奏效。我就是想說，即使你真的把本書所寫的用來作惡，也一定不要用第五章的內容。現在我像邪惡博士一樣把小指放在嘴邊，請求你的原諒。

有點離題了，好吧，言歸正傳！我們一起再來看看席爾迪尼的權威之作。如果你沒看過這本《影響力》，而你正從事銷售和行銷工作，那你一定不會被別人正眼相待。我曾經對一群很有經驗的行銷人員說過這句話，他們當場就掏出手機訂購這本書。

席爾迪尼教我們的影響力心理學，可以在影響顧客說出第一次「YES」以後，再度影響他們一次又一次地說出「YES」嗎？勸說術是不是不僅可以讓顧客一直與公司做交易，同樣可以讓顧客成為「忠實顧客」，或是「常客」、「回頭客」呢？影響力原則是否也一樣可以呢？事實證明並非如此。實際上，如果想獲得長期的成功，還需要另一套原則。

我要提醒大家的是，在獲得顧客的第一個「YES」時，如果影響力運用不當的話，最大的風險是得不到第二個「YES」，這一點很重要。好好想一想這句話。所有人在求婚時都想得到「YES」的回覆，無一例外。可是當你希望顧客買下你的產品時，你期待他的回覆只是一句「YES」嗎？我可不想。生意場上，沒人願意只有一次這樣的回覆。生意場上任何一個人投入最多的地方，就是為了獲得一個顧客。你想讓你的顧客說一次「YES」還是很多次呢？你想讓顧客與他人分享在你這裡的愉快購物經歷還是隻字不提？顧客忠誠循環（Customer Loyalty Loop）的魅力在於：建立所有的顧客連繫、所有的行銷、所有的業務流程以及所有的顧客體驗，可以確保顧客一次又一次地和公司進行交易。

進入「顧客忠誠循環」

顧客忠誠循環包含顧客體驗心理學，更重要的是，它可以幫助你了解在購買的每一環節中的顧客心理，以及採取什麼方法去影響顧客不斷與你進行交易。再次重申：無論你是做哪一行的，只要你有顧客，這本書就適合你。

聰明的行銷人員知道：必須根據顧客在交易過程中的不同情況轉換思考方式。過去的十年裡，由於大數據的收集，行銷界發生了明顯的變化。新發現的行銷數據讓公司可以基於P2P（person-to-person）進行決策，以及建立針對性的相關行銷模式，這在過去是做不到的。但這對我們有幫助嗎？太多公司收集了大量數據卻不確定這些數據可以拿來做什麼。相反，我建議進行小數據的收集，因為從小處視角也可以看到大格局。本書用到一些行為學和心理學的概念，這些概念和顧客體驗緊密相關。正因為如此，我將我客戶的用戶體驗與那些我停止進行交易的案例做連結，覺得在這當中應該會產生一些更有意思的東西！

歸根結柢，目標是簡單的。我想幫助公司藉由顧客生命週期的每一個階段，來更好地理解顧客的想法，最重要的是，創造一個循環，讓顧客不斷回來進行交易並口耳相傳，進而廣為宣傳。

你可以微調每一個環節，尋找細微的改進之處，創造一個小的轉換率，或者了解並控制顧客的想法（當然，不能心懷惡念！），讓他們狂熱地迷戀你公司的產品。

這本書的前幾章將會討論理論依據，解釋為什麼顧客忠誠循環真的會奏效。這些章節裡會出現大量的學科術語。

接著深入探討顧客忠誠循環，書中最後一部分為讀者提供可以產生效果的正確方法和工具。整本書中，你會找到各種解決方案、訓練素材、模擬挑戰、實戰工具、疑難問題、專題討論，可以讓你學會利用循環。即便只是從中選擇一個方面，例如有效及有意義的顧客跟進，或是保證心理，都會對你的銷售產生顯著的影響。

電商公司卡斯柏（Casper.com）運用單一的風險逆轉保證，把每年售出幾百張床墊和售出價值七千五百萬美元床墊做出區別。這家公司並沒有用什麼特別的手段，他們只是懂得顧客忠誠循環及相關的各種觀念。

我的客戶經常花費一萬到二・五萬美元進行一場為期一天的講座或專題討論會，同時，花三萬美元甚至高到六位數的價錢請我提供諮詢服務。當他們收到至少十倍的回報時，總是激動萬分。本書中提到的很多解決方案和專題討論，就是源自我與客戶進行的諮詢和輔導工作。

就我知道的是，只有少數方法可以讓任何一家公司或任何銷售、行銷、客服部門擁有更多的優勢。能夠利用這些強大概念和方法的公司屈指可數，即使這些觀念比以前的更加適用和便利。現在就開始進入主題吧！

Chapter 01 顧客體驗學

行銷人員也許會比其他人更了解「講故事」的影響力。畢竟，他們吃的就是「講故事」這行飯，而我的故事內容就是如何做生意。雖然要想做好生意就要講好故事，但有個重要部分被忽略了，那就是：有的事情帶來的可能僅僅是一種體驗，而有的事情帶來的可能是一次令人難以忘懷的體驗。其實，一次好的體驗是遠遠不夠的。行銷策略家通常都清楚了解「體驗」是最基本的，但他們幾乎都不知道如何說明和記住這些體驗，然而這一點至關重要。很多出版上架的書都自稱掌握了卓越的顧客體驗關鍵。他們認為提供顧客獨特的服務、讓顧客發出「哇噢」的驚嘆，就是卓越的顧客體驗，其實這僅僅是其中的一個部分。

如果想要理解這本書裡即將談到的顧客忠誠循環的核心，就先和我一起在腦海中來個簡短的探索之旅。這並不複雜，當然也許不會給你帶來什麼驚喜，但是我要告訴你的卻是寓意深刻。

人類認為人是理性的，事實並非如此。儘管我們可以理性，但最新的科學研究顯示，我們的直覺大於理性。我們憑感覺進行決策多於用腦進行決策，究其原因卻有多種因素。首先，大腦的首要目標就是生存，而這個過程的第一步就是辨識威脅。要想在這一點上有效發揮的話，我們必須接受周圍所發生的一切，並且弄懂它們，而且是快速弄懂。如果不了解發生的一切，就無法預料將要出現的危險，也就無法保護自己。因此，我們透過感官獲取訊息並解釋其含義。

換言之，我們編出一個故事，而且是非常迅速且不假思索地編出故事。這個想法或故事突然出現在我們的腦海裡，完全沒有經過深思熟慮的分析。正在看這本書的你和我都是顧客，我們都是這樣。很顯然，你的顧客也是如此。

多數情況下，我們不是靠著對當時情況做出批判的理性分析而編出故事。相反，我們是對周圍發生的一切做出瞬間的反應，就好像條件反射。故事經過許多我們自己也沒有意識到的因素而粉飾，是意識經驗、直覺、本能反應等交織在一起的過往經歷，所有的這一切迅速地形成我們的「敘述」或是故事。故事迅速地在我們心中產生了，即便是有分析，但多數情況下我們是沒有經過太多分析就接受了。以色列心理學家丹尼爾．康納曼（Daniel Kahneman）或許是最能清楚表述和解釋相關認知神經科學研究的人，他認為這個過程是「衝動和直覺」。我們編出故事，除非故事中有什麼明顯不合理的地方，否則我們就會接受這個故事。曾獲得諾貝爾經濟學獎的丹尼爾．康納曼在《快思慢想》（*Thinking, Fast and Slow*）一書中[1]出色地描述了我們的心理歷程。

他認為人們有兩種獨立做決定的系統：系統一是「直覺式思考」，正如上文所述；系統二是「邏輯式思考」，需要批判性的理性分析。有一些錯覺會影響我們編出的敘述。這些錯覺都是讓我們直覺地編出故事的重要因素。下面這個例子，是不是覺得有些熟悉？

「通常這款產品的售價是九十九美元，但是現在特價供應，您只需要花三十九美元就可以買到這款優質的產品，可以省六十美元！等等，這還不夠！現在訂購還享有第二件免費，價值二百美元的產品，您只需要花上三十九美元就可以買到！」

這個例子我們稱之為錨定偏差（anchoring bias）。第一個數字（或事實）將場景錨定在一個特定的點，在這個例子裡就是九十九美元。其他所有的數字都被看作是與之相關的，所以後面的價格確實聽起來不錯。其實，有這樣一個特定的點很重要。儘管大多數人知道最初的價格很有可能是被抬高的，但這一招還是奏效了。只有堅定心志才能不受這個偏見控制。「最初的價格可能被抬高」的模糊意識不足以抵消它的影響力。換言之，你得有意識地努力不受它的誤導，但我們很快會發現，大多數情況下我們並不想做出這樣的努力。我們身邊不就有人買了一套最新最好的刀具，一個什麼都沒有附帶的平底鍋，或是一件最新的運動器材。

另一個偏見是可得性偏差（availability bias）。這是指，如果我們記住了相關的例子，這些例子會明顯影響我們的敘述。舉個例子，如果連續幾天的新聞報導都是關於一架飛機失事的消息，許多人一定會發誓再也不坐飛機了。或者他們會很認真地考慮其他的交通工具。即使其他的交通工具發生事故和飛機失事一樣可怕，即使一架飛機失事並沒有明顯改變飛行安全和飛機失事的機率，人們還是會考慮其他的交通工具。其實恰恰相反，那次失事通常會使得飛行更加安全。但因為大量的媒體報導，導致這次事故成為人們最容易記起的訊息，讓我們認為災難是可能會發生在自己身上的，所以這次事故一定會影響我們對於飛行的看法。

非常重要的一點是：**被記憶的訊息有多準確並不重要，重要的是我們記得它**。我們的思考過程並不是一個深層的批判分析過程，而是一個衝動和直覺的過程。例如你可能聽說過，椰子油可以預防失智和認知功能退化。你曾經多次看到這個研究，所以重複看見讓你很容易想起這些訊息，於是認為那一定是真的訊息，對吧？然後衝到商店購買一桶椰子油，結果買回來後幾乎沒用過。我也買了一桶放在廚房裡。

但如果你能花些時間看一看研究、做一些批判性分析，就會發現椰子油可以預防認知功能退化的說法根本沒有科學依據。但誰又會花時間去鑽研那些研究呢？這件事讓我想起我的岳父。因為有研究顯示吃雞蛋有利於健康，他就吃了一個星期的雞蛋。第二個星期他就不吃雞蛋了，因為新的研究發現吃雞蛋不利於身體健康。幾乎沒人有時間和技能自己去做研究證明訊息的真假。

現有的訊息，也就是在媒體上所看到的、或者是我們認為自己在媒體上看到的——通常都是最新的訊息，例如上文提到有關於雞蛋的訊息，跟著現有的訊息去做是比較容易的。當我們在考慮哪些因素影響了記憶的形成，這些記憶如何影響購買的決定和第二次購買的意願時，這種可得性偏差就發揮了重要的作用。

另一個認知偏差是風險趨避（risk aversion）。害怕損失是一個強大的動力，大多數人會高估風險損失，因為比起任何事情，我們更害怕受到損害。「售完即止」、「要快，數量有限」都是經典的行銷詞。前幾年，豆豆娃（Beanie Babies）非常流行，生產商總是在暗示某些款不再生產，收藏者們擔心錯過一款或者更多款的娃娃，從而助長搶購狂潮。這種情況下，你只能全部買下來。

還有許多其他偏差。相信你一定聽過月暈效應（halo effect）。對於我們喜歡的人，我們會過分誇大他們的品格，認為他們不會做錯。另一個偏差就是社會環境，或者也稱作社會認同（social proof）。席爾迪尼博士認為，社會認同是影響力的六個最重要武器之一。有個經典的實驗，實驗對象需要說出兩條線中哪條更短。相對容易看到的是B線比A線短。如果大多數人選擇了A線比B線更短，那麼，你很有可能會改變你的答案，即使B線真的明顯更短。從上面內容我們看到了別人的做法會影響我們的看法，雖然我們不太願意承認。

所有這些偏差和許多其他的偏差，引導人們做出「衝動和直覺」的選擇。我們生活在一個複雜的世界裡，所以為了儘量減少去理解這種複雜性，人們只有可能儘量追求簡化。追求簡單其實是大腦的默認機制。大腦的二元制將這個世界的複雜化為簡單或二元的：對與錯、共和黨與民主黨、保守黨與自由黨（對加拿大的人來說）等。我們一旦脫離了這種二元制帶來的便捷和舒適，思考就會變得更加困難。

試問，如果有人建議三黨制或是四黨制呢？當沒有提供兩個相反或相斥的選擇，我們很難將所有的訊息裝進大腦裡。

真實的情況是：「衝動和直覺」的思考方式不僅僅會自然形成，而且也更容易。批判的、理性的、有邏輯的思考需要很多努力。要一個人邊走路邊做心算，他多半都會停下來，因為理性的思考要費腦力，而要邊走邊思考是很困難的。即便是要求他算簡單不太費力的題目，結果也是一樣。如果要求你邊開車邊發簡訊，你就會知道為什麼這比酒駕更能分散人的注意力。似乎每隔幾天，就會聽到有人因為邊走路邊發簡訊而走進噴泉、掉進人孔蓋、摔下懸崖。

事實上，批判性的思考很有壓力，可以活化大腦和身體，使之產生變化，這種變化是身體壓力反應的一部分。批判性思考不僅很難，而且大多數人不知道該怎麼做。除非你接受過專門的科學和數學訓練，甚至即使你受過訓練，批判性的理性思考也很可能會讓你望之卻步。康納曼在《快思慢想》一書中用過這個例子。

事實一：在人口稀少、偏遠的鄉村，腎臟癌發病率最低

當你聽到這個訊息時，大腦會自動進入講述故事的模式來解釋剛剛接收到的訊息。這可能是因為人口稀少、偏遠的鄉村飲食更健康？也許是他們的環境更乾淨？還是他們的生活方式更健康？

無論你注意到哪個因素，你都會開始在腦海裡構建一個「為何偏遠鄉村更健康」的故事。

接著看下一條訊息。

事實二：在人口稀少、偏遠的鄉村，腎臟癌發病率最高

看到這則新訊息，你的自然反應會是「一定弄錯了」，你會朝著告訴你這個自相矛盾訊息的人大吼大叫：「這怎麼可能！」以示不同意見。

其實你錯了。這個問題的關鍵在於「人口稀少、偏遠的鄉村」。在一些人口稀少的鄉村裡，沒有人患腎臟癌，自然發病率就非常低或者為零。但如果在人口稀少的鄉村裡有一兩個病例，發病率相對就高了，因為人口少。換言之，這是一個取樣問題。小樣本會產生更寬範圍的可能性，原因就是樣本太小。

除非你學過統計學，否則你根本不會想到樣本大小的問題。如果你從未聽過第二則訊息，你會對第一則訊息堅信不移，而且「人口稀少、偏遠的鄉村更健康」的看法會深深印刻在你的記憶裡。這個記憶會影響你未來的行為，會影響你和他人的討論，甚至塑造你的世界觀。

雖然對於多數人來說，一些簡單的算術和數學題並不難，但是透過「衝動和直覺」的鏡頭去看這些數字的時候，就會發現他們並不總是他們看起來的樣子。

對下面這個問題，你的第一即時反應是什麼？你可能會選第一個。

我在月底一次給你三百萬美元，或是我今天給你一分錢，以後每天給你前一天數目的二倍，一直到月底。

你會選擇哪一個？如果選擇第一天領一分錢，以後每天領前一天數目的二倍錢，到了月底就會領到一千多萬，但直覺告訴你這不太可能。換言之，理性分析經常導致的結果是與直覺相反的。

還有一樣東西在故事敘述中是至關重要的：我們需要前後一致。總體來說，我們的敘述需要相互哄騙。這個從技術的角度來看被稱為連貫性，在很多方面影響著我們。一方面，我們總是在蒐集有利證據來支持我們的故事。二十世紀五〇年代後期，社會心理學家利昂・費斯廷格（Leon Festinger）把這種現象叫作認知失調（cognitive dissonance）。[2]我們會有選擇性直覺去設法證實自己的選擇。所以如果你不得不在A車和B車之間做選擇，而你最近剛買了B車，那麼你會找到所有證據來證明B車是一款很棒的車，並會去尋找（和解釋）A車有缺陷的證據。這種傾向叫作確認偏誤（confirmation bias），是指我們高估支持觀點的訊息，跳過那些與我們觀點相反的訊息或解釋。換言之，我們的看法本身就是鏡頭，透過這個鏡頭過濾世界。這意味著，一旦你對某件事情有了一種看法就很難改變，或者我們可以引用一句老話：「**你永遠**

不會有第二次機會再造第一印象。」這其實也是顧客忠誠循環裡重要的一部分。這種印象不是體驗，而是**體驗的記憶**。

認知神經學文獻告訴我們，感知和看法並不是建立在理性上。相反地，是明顯受到各種偏差——包括現有的故事和追求簡化的影響。潛意識的記憶和情緒也會影響我們的感知和看法。

一項有意思的研究結果顯示，當人們被要求微笑的時候，他們會比不笑的時候更積極看待或記住所看的東西，即使微笑是被強迫的。情緒會影響我們的感知和故事，即使這些情緒是被人為誘導出來。事實上，某個情境或某一事件的經驗和記憶，都被情緒所渲染。

如果你收到一張禮物卡片，而剛剛得知送卡片的人之前在社群媒體上指責過你，你會做出怎樣的回應？你多半會把這張卡片看成是無關緊要的東西。這其實也是顧客忠誠循環裡重要的一部分。如果你在社群媒體上看到讚揚你的消息後，收到同樣的禮物卡片，你會做出怎樣的回應？很有可能你會笑納這張卡片。事實上，你甚至可能「加工」出一個關於這兩個獨立事件的故事。

看到社群媒體上讚揚的消息和收到禮物卡片後，你會認為：「哇，真是美好的一天。我收到太多的愛了！」但是你也可能非常難過，因為你剛剛看到社群媒體上刊登令人討厭的消息，以至於你很難開心地對待別的事情，即使是收到禮物卡片。這種情況下，你很有可能會極力貶低這張卡片，或找到一種方式對它發火，例如你可能會認為這張卡片不合適，或者太小，或者太沒有人情味。你明白這其中的含義。情緒控制了對事情的敘述，而這些事情和你最開始出現這種情緒的原因毫無關係。禮物卡片成了錯誤時間和錯誤地點的犧牲品，它是被透過當時的情緒來感知的。這是因為我們的反應和想法傾向於衝動和直覺，直接反射出當時的情緒狀態而不是進行理性的思考。

這些偏差合力促成的不僅僅是我們的感知和經驗，還有對於感知和經驗的記憶。**認知偏差、情緒和記憶之間的動態關係**也是顧客忠誠循環的一個重要部分。更重要的是，理解這種關係是提高顧客體驗的關鍵，這可以直接提高效益，我們應該而且可以把這點記在腦海裡。

顧客的體驗記憶

在進行深入探討顧客循環之前，再接著說點理論。伊麗莎白・羅芙托斯（Elizabeth

Loftus）是知名且受人尊敬的心理學家。[3]過去的四十多年裡，她一直在研究對每一個人都非常重要的課題。這個課題對你的生意，包括從行銷到客服的每一方面都意義重大。羅芙托斯無疑是世界上記憶研究領域的領軍人物。然而羅芙托斯研究的並不是記憶喪失，她研究的是記憶的過程，這也是顧客忠誠循環的重要部分。

羅芙托斯和其他人的研究強調了**記憶是不可信的**，了解這一點後，每個人都能從中受益。儘管大多數人願意相信記憶很好地記下了事件，但事實上記憶並不是據實的記錄，它只是受多種偏差和曲解所影響的高度個性化訊息重建。正如在前文中提到，我們創造了「現實」的版本，記憶不是對客觀現實的記錄，而是對故事的反應。其次，不僅記憶都是非常個性化的，還會隨著後續發生的事情而產生顯著改變。後面談到想像力是如何影響銷售和行銷的時候，還會討論這個話題。

本章將會探討「體驗—記憶—回憶」週期，這是顧客忠誠循環的根本。公司投入大量財力打造自己的品牌，創造支撐某種特殊感知的文化。但是，這種感知會受到許多因素的影響。有的影響是公司可以掌控的，而有的影響則無法掌控。為了全力以赴創造出你想要的印象、品牌、生意，必須要掌握顧客的「體驗—記憶—回憶」週期。

創造體驗

我們打造故事、創造第一次體驗的記憶方式受到眾多因素影響。例如，我們同一時間只能專注於一件事，所以如果專注於左邊的事情，就會錯失右邊發生的事情。而發生的事情有可能會影響敘述的重要線索。因此，塑造故事的第一要素就是我們的關注點在哪裡。

一旦我們的注意力集中了，就會接收到感覺輸入，而這多數是從關注點接收，也有部分是當時出現的強刺激物。當你正坐在桌前集中精力寫報告，或是正在看書的時候，可能會被一聲巨響、一股強烈的氣味或是一次意想不到的搖晃（生活在地震帶的人知道這代表什麼）分散注意力。注意力受到影響時，這種受侵擾的感覺輸入很可能會掌控你的感知和隨後的敘述。因為某種原因，你的注意力被抓住了。你的大腦認為這可能是一個危險信號，而檢測危險是大腦優先考慮的事情。

當你坐在桌前寫一份重要報告、或是正在做非常具創造性的工作，此時，你聽到震耳欲聾的聲音，你向窗外看去，原來在窗口下方發生了一起重大交通事故。關於這一刻，你記住的多半都是交通事故而不是手邊的重要工作（不過還是希望有人會說你當時在工作真是能幹）。

人類大腦也可以關注不同的事物，因為差異意味著變化，而找尋變化也是大腦優先考慮的事情。結果是大腦可能會因為找尋變化而被操控，有時甚至會犧牲當時環境的重要特徵為代價。神經學家史提芬・邁克尼克（Stephen L.Macknik）和蘇珊娜・馬蒂內茲—康德（Susana Martinez-Conde），在《別睜大眼睛看魔術》（*Sleights of Mind*）一書中詳細敘述他們學習魔術技巧和幻術的經歷。大部分的魔術技巧就是利用大腦的自然機制來愚弄觀眾。大腦透過創造幻象來填補空白。當魔術師對某人出示三張紅色卡片和一張黑色卡片時，大腦藉由對比進行運轉，會優先關注黑色卡片。當他還沒來得及看紅色卡片就被魔術師收回所有卡片時，魔術師會非常清楚他記住了哪張卡片。

心理學家丹尼爾・西蒙斯（Daniel Simons）在二〇〇六年的美國心理學家年會上做報告時，曾提過一個經典的例子：注意力如何影響感知。在他的發言過程中，西蒙斯表演了下面這個戲法。他把六張撲克牌投影在螢幕上。[4]他邀請臺下一位觀眾走上前。西蒙斯把自己的眼睛蒙上並轉過身背對螢幕，他請這位觀眾從六張撲克牌中隨意挑出一張，並且用手指著這張牌。這位觀眾知道自己挑選的是哪一張牌。現在我們假設挑選出來的牌是梅花Q，當然它也可能是任何一張牌。然後丹尼爾睜開眼睛，告訴大家他可以從螢幕上把剛才選出的牌拿掉。他點選了一下滑鼠，螢幕上變了，現在只剩下五張牌。嘿，變！梅花Q不見了！

西蒙斯是怎麼做到的？是觀眾確認那張牌的時候他偷看到的嗎？還是一切都是事先安排好，觀眾只是暗樁？這些都是人們看到這個戲法時會想到的標準解釋，但兩個答案都錯了。某種意義上來說，真正的答案簡單多了。

沒有人注意到在觀眾挑選出那張牌後，丹尼爾把五張牌放在螢幕上了！其實不是只有梅花Q不見，所有最初的六張牌都不見了！但是很少有人注意到這個細節，因為他們所有的注意力都在梅花Q上，沒有注意到其他牌。這個例子說明了，我們的關注點和期望會決定我們的感知。

有個著名的「不注意盲視」（inattentional blindness）研究——飛行模擬遊戲，在這個模擬遊戲中，專業飛行員將自己的飛機停在另一架飛機上方時，偵查能力會相對減弱。因為在這個情境裡要看見另一架飛機，對他們來說不是一個平常的經驗和期望，他們所關注的是別的。許多像這樣的潛意識過程控制住我們的感知和經驗，最終控制我們的記憶。

當我們接收感覺訊息時，即使有任何的焦點分析，我們幾乎是不加思索地快速解釋訊息。我們的潛意識、過往體驗及期望，都影響了敘述。舉個例子，如果看見遠處有煙，我一定自然而然地假設自己也聞到東西燒焦的味道。從這個意義上說，記憶的訊息是建立在聯想和假設上，只是我們自己沒有意識到這一點，至少只有當它們發生並且影響了敘述，我們才會意識到。

在二〇一三年九月十一日出版的《科學人》（*Scientific American*）雜誌上，梅蘭妮．坦南鮑姆（Melanie Tannenbaum）在她的九一一事件回憶錄中舉出一個例子。[5] 梅蘭妮每每回憶起看到三〇英里外的雙子星大樓在冒煙，記憶中就總是伴隨著東西燒焦的味道。這是一個深刻的記憶——直到她看到那天人們寫下的無數封郵件，當中沒有一封提到說聞到東西燒焦的味道。這個例子說明了我們的記憶是如何填補空白，如何運用那些塑造敘述和記憶的無意識假設。

現在來思考一下，這在顧客互動的每個層次上是怎麼發揮作用的。如果看到廣告裡的人物長得很像自己的哥哥，對於這個廣告的感知，一定會受到和哥哥有關係的記憶與感覺所影響（幸運的是，我擁有的大多是好的記憶和感覺）。很顯然，這可以有無限種方式來影響。人無論什麼時候受到刺激，他們都可以用許多可能的方式來應對，這些方式都是以經驗和聯想為基礎。當然，你可以想方設法讓刺激令人愉悅（例如放一些輕音樂），但總會有人對刺激的反應與你的期望相反。對有的人來說，輕音樂也會有消極的含義。

情緒的作用

之前我提過情緒不僅僅影響敘述，還會影響故事的記憶。我要舉的還是那個禮物卡片的例子——看到在社群被指責或是讚揚後收到禮物卡片。情緒不僅僅影響經驗，還影響經驗的記憶。例如，你和朋友去電影院看一部浪漫喜劇片。就在你要走進電影院的時候，你接到妻子／丈夫／女朋友／男朋友打來一通讓人心煩意亂的電話。第一種情況，你坐在電影院裡繼續看電影但會受到干擾。你會一直想著那通電話和你們的關係，而你的朋友看著電影哈哈大笑，這讓你非常生氣。很有可能你會認為這次經歷讓人沮喪，而且這部電影在你的記憶中會是糟糕透了。

現在再回到電影院裡，假設聽見朋友哈哈大笑，你也笑了。笑是會感染的，這也是為什麼情境喜劇裡都要使用背景笑聲。現在你笑了，至少是微微一笑，同時又笑又生氣是很難做到的。笑讓你暫時忘掉那通電話。現在你給電影評的分數不是低分而是高分！因為如果一部電影能轉移你的焦慮，那一定是有趣的電影，對吧？但後來當你回憶起那個晚上又會是怎樣的呢？很有可能，不管你在那個晚上感覺如何，如果你把電影和電話聯想在一起，你會回憶起這部電影讓你失望透了。

在二〇一一年一個相關的實驗中，研究人員發現購物者越放鬆，花的錢就越多。放鬆意味著大腦不是在感知威脅，因此更能從理論上思考物品的價值，對所有東西也少了一些「防備」，包括花錢。壓力產生出來的防備會抑制一切，包括伸手掏出信用卡。[6]

由於你經歷的是每時每刻的事情，所以你是有意識地處理訊息，但多數是潛意識。幾秒鐘後，這種經歷就會儲存在記憶裡。專家們認為，由不同感覺組成的體驗——視覺、聽覺、觸覺、味覺、嗅覺以及情感——被編碼放在大腦的不同部分。當你回憶時，獨立的記憶片段就會被召集在一起組成一個完整的記憶。就好像每個記憶片段被放置在獨立的文件櫃裡。當你試著回憶時，你就會下意識地走到文件櫃收集需要的訊息。當然，有可能取錯文件——相似但屬於另一件事的感覺印象。

如果你受過重傷，或是看過、讀過關於受重傷的訊息，你會經常聽到受過重傷的人不帶任何感情地回憶受過的痛苦。事實上，他們肯定會這樣說：「我記得，但是我已沒感覺。」因為記憶組成中的情感部分沒有被召集起來，通常是由於要承受的話太痛苦了。有時感情太強烈，完全抑制了記憶的發生，這稱為壓抑。記憶是如何被放置在大腦的，就可能會造成以後的回憶失真。

現在你的短期記憶裡有了一次體驗的記憶。在某個時刻，它會被長期儲存在大腦的另一個地方。因為是已經加固過的，你會認為這是長期記憶，即使它已經被上述過程影響可能有缺陷，但現在保持穩定了。不管如何，這就是記憶這次經歷的過程，但可能時間上沒有那麼快。

還記得這一章前面提到的研究記憶的伊麗莎白・羅芙托斯嗎？在記憶被編碼為長期記憶的很長時間後回憶如何被影響，她是研究這方面的權威。

假設你是羅芙托斯經典研究中的一名實驗對象，你看到一張汽車交通事故的照片，然後被提問。如果你在第一組，你拿到的問題是要估算兩車碰撞時的車速；如果你在第二組，你拿到的問題是估算兩車擦撞時的車速。當你被告知兩車「碰撞」，那麼很有可能你估算的車速會比被告知兩車「擦撞」時的車速快。而且，相對於被告知兩車擦撞，被告知兩車碰撞，更可能使你回憶起看到的事故照片中有破碎玻璃，即使照片裡根本沒有碎玻璃。

羅芙托斯的許多研究都和誤導訊息效應（misinformation effect）有關。事物是如何呈現，故事是如何產生，隱喻是如何使用，這些都影響著感知、後續的回憶，更重要的是影響決策。在史丹佛大學的一項研究中，研究人員發現，在描述發生於某一特定城市的犯罪時，使用隱喻會影響處理這個問題的想法。當看到犯罪描述中使用的隱喻是「野獸在城市裡掠食」，七五％的實驗對象建議需要嚴懲和強制執行來解決，例如修建更多監獄。當隱喻改成「一種病毒正在城市裡傳播」，五六％的實驗對象建議加強手段，而四四％則建議進行社會改革。

誤導訊息效應證明了接下來的訊息會改變記憶的可信度。羅芙托斯觀察一次謀殺案審訊，目擊者的證詞自相矛盾。在她公開發表了關於證詞的文章後，羅芙托斯成為搶手的法律專家，並在多個備受矚目的案件裡作證，例如辛普森殺妻案。她發現各種不同的因素可以扭曲記憶的後期回憶。例如，目擊者的記憶會受到回憶時的訊息、或是事件發生後那段時間的訊息所影響。

這個誤導訊息效應研究引發許多爭議，以及對羅芙托斯的批評。在一項研究中，研究人員創造了實驗對象在童年時於商場走失的假記憶，二五％的實驗對象接受這個假記憶的植入，回憶起當時商場走失的情境，就好像真的走失過。羅芙托斯用這個證據批評某些治療形式，尤其是用來找回記憶的催眠術。羅芙托斯認為這些技術冒著植入假訊息的風險，特別是兒童期受虐的假訊息。有意思的是，心理學家佛洛伊德發現自己就處於這種困境中。透過使用相當強的聯想技術，他發現自己的許多病患都回憶了童年遭性虐待的經歷。但在面對這些「記憶」的時候，這些病患否認有過這樣的經歷。他們是不接受嗎？還是有其他原因解釋這個矛盾？佛洛伊德提出幼兒性慾的概念解釋了這個問題，他認為孩子內心有一種被壓抑的慾望想與父母發生性關係。回想起來，這也許是最不可能的解釋了。

不論如何，羅芙托斯認為治療師提出的誘導性問題會創造假記憶，這一觀點遭到治療師們的抨擊。鑑於對大腦及其二元本質的了解，我們期待這個爭論降低為一場超理性科學家之間的簡單對立之戰（例如沒有假的記憶，或是所有的記憶都是假的）。當然研究顯示記憶是不可靠的，是會受影響，而且並非總是嚴重扭曲的。

談到大腦的二元性，有個關於選擇和購買決定的研究。對於大腦，最困難的任務是在備選清單裡做選擇。把這個世界看成是「在兩個對立面之間選擇」，遠遠比「在幾個不同質的事物之間做選擇」容易得多。研究者在購買決定的研究中發現了大腦二元性。

《誰在操縱你的選擇》（*The Art of Choosing*）一書的作者希娜．艾恩加（Sheena

Iyengar）[7]在一項實驗中發現，當實驗對象的面前放有二十多種巧克力或葡萄酒時，與少於七種的清單相比，他們始終會選擇最優的品項。而且，他們花費相當多的錢買的不僅僅是產品，更是價值。這是因為在面對許多選擇時，我們會用二元性簡化選擇，只看兩頭，要麼選擇最貴，要麼選擇最便宜。其次，我們會高估這些選擇，認為「最好的」葡萄酒就是最貴的那瓶，「最差的」葡萄酒是買得起的那一瓶。有項研究是針對二〇〇六年至二〇〇九年間在倫敦進行的六十三場葡萄酒拍賣會，其研究結果證實了這一點。

大腦二元性的本質、關注變化和對比、情感的影響、事件呈現的方式、過去的經歷、潛意識過程和期望，所有的這些不僅僅塑造了經歷，而且從根本上影響了對經歷的記憶。正是對經歷的記憶促成決策。另外，每次召喚記憶，場景以及「取得重要的假設訊息」都會影響記憶。

前面提到回憶九一一事件的梅蘭妮．坦南鮑姆，她舉了一個很好的例子，可以說明之後的輸入改變了記憶。她寫道：

> 約翰．亞當斯和湯瑪斯．傑佛遜在生命最後都描述了生動的記憶。他們繪聲

繪色地回憶了一七七六年七月四日簽署《獨立宣言》的美妙感覺，那一天是他們一生中最重要的日子。除了一個小問題：七月四日這個日子是國會通過的說法，真實情況是到八月二日才簽署。

一七七六年七月四日，這天很顯然對亞當斯和傑佛遜來說是個非常重要的日子。由於簽署《獨立宣言》後一直被讚譽，以至於簽名者忘記那天不是簽署著名文件《獨立宣言》的日子。可以發現，日期很容易就成為敘述中的一部分，並且影響了細節的記憶。這是一個可得性偏差的例子。他們記住七月四日是因為這一天是個重要的日子，所以影響了他們的記憶。

公司不遺餘力地創造正確的顧客體驗，其實他們應該做的是**創造正確的顧客記憶**。正如你所看到的，從經歷中塑造記憶的過程裡，存有許多中介變項。

這本書的其他章節主要探討如何創造「正確的顧客記憶」，這個環節遠遠早於銷售，而且只要顧客繼續和你做生意，這一過程就會持續。要想做到這一點，就讓我們解開顧客忠誠循環的每一個環節，把過程的每一步統統裝進你的腦子裡。

Chapter

02 顧客忠誠循環

前面已經談到一些關於記憶是如何形成，以及經歷如何被大腦記憶的科普知識，現在該是深挖本書核心的時候了。言歸正傳，討論顧客忠誠循環的每個階段，更重要的是討論做生意時如何使用這些原則。

想要成功創造一次難忘的「顧客體驗」，需要特別注意如何創造每次的「顧客記憶」。為了簡化並讓這本書盡可能地有說服力、實用，我將顧客忠誠循環提煉為四個不同的階段。不要擔心，即便我給你一個縮寫詞語，你仍然能很清楚地知道縮寫的每個字母代表哪個詞語，即便你可以記住縮寫詞語，我也不會使用隨機的縮寫字。你需要記住的是有四個階段。

提到傳統的顧客生命週期，行銷人員會說顧客遵循類似的過程：首先是**意識**（「你好，我剛聽到這款很棒的產品／服務」），然後是**研究**（「這款產品看起來不錯，你們還有其他款嗎？」）、**挑選**（「我決定了，我選這一款！」）、**購買**（「沒錯，我買藍色的這款。」）、**體驗**（「我太喜歡這款了！」）、**記憶**（「再次收到你的訊息真是太棒了！」），最後是**口碑**（「你真的需要試一試這款產品！」）。根據傳統的銷售和行銷，所有的顧客都遵循這個簡單的路徑。

這個傳統的生命週期模式沒有什麼固有的問題，該模式的每一個組成部分都包含一連串的理解和技巧，而大多數公司幾乎都只注重傳統模式中的前三個或前四個因素。這當中，大部分的關注度都集中在創造意識上。像顧客體驗、顧客維護、口碑這幾個環節，有些公司很難掌握運用。如果你想體驗顧客忠誠循環的所有好處，你需要知道每一個步驟都在做什麼。**循環是一個累積的過程**，在每一個階段中，你都有可能打破或加快整個過程。基於之前已經讀過的內容，你已經很清楚大腦是如何影響顧客的感知體驗、以及記住哪些體驗。如果你想改善顧客體驗，同時提高收入，那麼這一點非常重要。

顧客忠誠循環是傳統顧客生命週期的升級版，可以運用在整個顧客體驗的過程和每個顧客身上。它也是你重組公司的一種方式，你會問自己：「我該如何提供給每位顧客更好的體驗，讓他們有可能不斷地和我做生意？」顧客忠誠循環就是在整個過程中的每個階段關注顧客：「顧客現在感覺如何？」、「要想為顧客打造一個令人難忘的體驗，現在這一步要做什麼？」下面就來看看循環的四個階段吧。

顧客忠誠循環的四個階段

本書中討論的顧客忠誠循環有四個階段：

階段一：深入了解顧客心理。

階段二：將潛在客戶轉換為銷售對象。

階段三：重視顧客體驗感。

階段四：成交。

如下圖所示

階段一：深入了解顧客心理

我們要密切關注「顧客體驗是怎麼開始的」。可能是顧客第一次看到公司的廣告，或是第一次走進公司，或許是搜尋到電話號碼並撥打電話過來，看了六則用戶評論，也許是透過廣告、朋友的口碑評價，由此產生對公司的第一印象。對潛在顧客進行行銷，必須要小心地讓他們想像所有可能的美好體驗、以及他們要創造的記憶。你必須要很早就開始將這些訊息注入市場。這階段我們不是要關注產品定位，而是著

圖2.1　顧客忠誠循環

階段一	深入了解顧客心理
階段二	將潛在客戶轉換為銷售對象
階段三	重視顧客體驗
階段四	成交

重在打亂潛在顧客的看法，留下我們產品的印記，盡可能地完成第一筆訂單。這一環節，就是你要把想像力以及恰當的訊息放入可以吸引理想顧客的地方。

階段二：將潛在客戶轉換為銷售對象

第二階段的焦點是真正取得銷售。說服顧客準備掏出錢包，或在合約上簽字談成一筆生意，都是在第二階段完成。有時這個階段不需要做太多工作。顧客可能正好走進你公司，而公司銷售的產品或服務正好是他想要的。也有一些情況是，我們需要透過銷售和行銷手段來吸引顧客。這一環節裡，會討論將感知轉化到顧客內心的傳統說服法，並介紹一種更有力、能提高且創造更有價值顧客的方法。

階段三：重視顧客體驗

這可能是最重要的一個階段，也是本書中最需要注意的部分。在第三階段，我們開始交付產品或服務。這一部分當然是因人而異。舉個例子，有人正好路過一個小鎮，想要選一家餐廳吃午餐。這種情況下，階段一和階段二很快就會發生，也許快到好像沒有發生過一樣。這位潛在顧客看到一家看起來不錯的餐廳，她丈夫也同意了，於是他們靠邊停車吃午餐。在這個場景裡，顧客走進餐廳立即進入循環的第三個階段。而其他情況，例如一家出售高價製造設備的傳統B2B公司，顧客體驗是從顧客第一次經由外部銷售聽到該公司產品，或是第一次看到軟體展示時就開始了。在這種情況下可以肯定地說，階段一和階段二更重要。還有一種情況，例如位在紐約的一家酒店，顧客透過自己對酒店的研究，也許會快速地通過階段一和階段二。在有些情況下，階段一和階段二已經完成，階段三在顧客踏進紐約之前就已經開始；意識到這一點很重要。儘管如此，即使在上個例子中，還是可以想一些辦法盡可能地來創造最好的顧客體驗。

透過創造、設計、發展、提高標準化的銷售操作和過程，讓顧客記住體驗，這是關鍵。每一個人都會說，他們提供的是讓顧客發出「哇噢」感嘆的體驗，但好的公司已經不僅僅知道該如何讓每個部門提供無可挑剔的服務，而且還知道如何製造這種「哇噢」的感覺。

正如我們已經討論過，只是提供「哇噢」的體驗是不夠的，因為你的所有競爭對手都是這麼做。你應該要知道顧客會從體驗（好的壞的都有）中形成記憶，由此來發展出「他們肯定會記住這是最好體驗」的一次顧客體驗。例如，第一印象從未如此重要，那麼快樂的結局呢？了解「顧客體驗如何結束」的重要性，對顧客的生命週期和潛在利潤來說非常重要。（這一點對回頭客、流失的顧客、或是活化流失的顧客來說也是非常重要。）

在這一階段，要開始與「期望差距」戰鬥。這個差距有時會因為過分熱心的銷售以及行銷手段——承諾超出公司能提供的而產生。過去六年裡，我和自己的公司做的大部分工作，就是研究期望差距以及如何消除差距，至少是將差距最小化。

階段四：成交

這個循環並不是一個封閉式循環，它更像是一個螺旋狀。記住，我們的目標是要讓顧客不停地買買買。在這一環節裡，將探究前文提到的後續行銷及如何促進口碑宣傳。我們會討論為什麼售後服務調查那麼可怕，為什麼大多數公司完全弄錯了。在這一章節裡，你會看到所有對現有顧客的行銷，應該集中在「提醒他們過往體驗的最好部分」，以便把這些記憶推成最好的版本。當你可以影響顧客並創造一個顧客想買買買的環境，為何只讓顧客消費一次呢？

對於我的大多數客戶來說，為了獲得一位顧客所做的投入，是他們做過最貴的事情，他們花費大量的時間、精力、財力，吸引和說服新顧客來購買。不幸的是，多數公司忘記銷售之後其他更重要的事情。在他們看來，銷售結束，工作就結束了。其實工作並沒有結束。事實上，如果你只聽到你的銷售、行銷人員談論「如何獲得顧客」，那麼他們只做了一半的工作。你可以問問他們是否願意只拿一半的薪水？

從尋找潛在顧客到成為正式顧客之前，四個簡單的階段就已經開始，一直到第一次銷售完成後都在持續進行。當然這並沒有那麼複雜。有些人可能認為顧客體驗就只發生在階段三，其他所有的都是不相關的，那就完全錯了。當今世界，顧客體驗是指全部的體驗，所以掌握每一階段裡顧客大腦中所發生的事，以及採取什麼方法能確保顧客有最好的體驗，是非常重要的。儘管如此，並不需要把它複雜化，我只是解釋為何這四個簡單階段如此重要的原因。想再簡單點嗎？就這樣來看：銷售貫穿於銷售前、銷售過程中的體驗，以及售後。在四個簡單階段裡加上一些特別的步驟，就可以確保讓顧客獲得難以置信的體驗。

我們從循環的第一階段開始吧！

忠誠循環診斷

像顧客服務和顧客滿意度之類的術語用得實在太氾濫了，而且表述的東西也不是我們在顧客忠誠循環裡要強調的。記住，顧客早在完成交易前就已經開始對你和你的公司發展感知了。整個循環就是建立在這一觀點上。顧客的體驗從「他們第一次聽說你公司」開始，到銷售過程中，再至銷售完成很久之後都在進行著。例如，列出一個顧客與公司有過體驗接觸的小清單。這份包括幾十個重要接觸點和體驗的清單，是我每天早上六點就開始喋喋不休念叨的。我認為這是一種好的思考方式：

1. 顧客第一次看到公司的行銷。要記住這是傳統的顧客旅程中的意識階段。
2. 顧客第一次從他處（線上評論、朋友、家人、推薦人等）聽到公司介紹。
3. 顧客第一次致電公司。
4. 顧客第一次瀏覽公司網頁。
5. 顧客第一次打電話給你。
6. 銷售人員第一次聯絡客戶。

7.你的員工看起來如何？

8.你的員工說話時的語氣以及性格如何？

9.你對顧客需求的應對速度。

10.你如何認知遇到的問題及所處的情況？

11.顧客進來及離開時你如何招呼他們？

12.體驗過程中如何對待顧客？

13.工作區域的清潔程度。我家附近就有個建築公司總是很髒亂。我對那個建築公司沒有留下很好的印象，也從來都沒有找過他們修理房子。如果他們在清理上偷工減料，他們還會在別的什麼地方偷工減料呢？

14.你會在售後繼續追蹤顧客嗎？或者他們再也沒收到你的訊息？

正如你所看到的，我列出了十四條。其實我這裡列出的甚至連蜻蜓點水都算不上，因為顧客會一直有對公司的體驗。人們之所以喜歡迪士尼，是因為迪士尼知道遊客需要不斷體驗，所以總會在各方面為遊客提供最好的體驗。我記得曾經讀過一本書，書中提到迪士尼在每天晚上關門後，都會重新刷一遍園區裡的白色尖樁柵欄。第二天早上遊客們抵達園區時，油漆正好就乾了。印象就是一切，體驗就是一切。**顧客不會只記住那些得體的顧客服務**。

他們甚至不在乎你是否將「足夠好」的體驗貫穿在四個階段。真正唯一重要的是：讓顧客體驗到「不一樣」。因為這說明你已經將銷售前、銷售中，甚至售後很長時間都考慮進去了。如果你也能從整個忠誠循環得到體驗，那麼你就可能獲得所有的好處，甚至更多：

1. **降低銷售、行銷成本**。當你接受忠誠循環這個觀點時，你吸引的顧客數量將會增加。你不再需要花費原本為了獲取一個新顧客而投入的大量費用，因為你的常客從未停止關注你的產品。這可以增加你的現金流、收入以及利潤。
2. **增加顧客價值**。顧客體驗越好，後續就越連貫，你的工作持續增加的價值就越多。顧客會願意花更多的錢更頻繁地與你做交易。他們也更可能與他人分享你的公司與產品。

顧客體驗越好，對公司業務的財務影響就越大。這本書的目的就是告訴你怎麼做。為了這個目的，我設計了一個簡單的顧客忠誠循環診斷，是一份有三十八個簡單問題的調查問卷，用於評估你的顧客體驗是否符合標準。

顧客忠誠循環診斷是一個簡單的工具，可以用來評估公司在整個過程裡可以提供多少令人難以忘記的顧客體驗。花點時間，仔細考慮每一個問題，想一想和本書有關的每一個問題。最後把每題得分加起來，看看自己處於哪種情況，接下來將指導你用一些小改變或改進，來產生難以置信的結果。

行動步驟：顧客忠誠循環診斷

1. 對於顧客忠誠循環中的每一個階段，你可以清楚地解釋定義、繪製及表達出來嗎？
不能（0）、一點點（3）、部分（5）
2. 第一次銷售後你會繼續向該顧客做銷售嗎？

不會（0）、偶爾（3）、會（5）

3.你會將顧客資料分為潛在客戶和現有顧客嗎？

不會（0）、極少部分（1）、一部分（3）

4.你會將顧客資料分為潛在和現有顧客，並記錄以下訊息：他們位在顧客忠誠循環的哪一階段、上次購買時間、購買何種商品，最後一次與公司或有接觸點的員工談話的時間，或是上一次採取的行動等等？

不會（0）、少量（3）、全部（5）

5.就消費情況而言，你知道誰是你的頂級顧客嗎？

不知道（0）、知道（2）

6.你能清楚明白說出與每位現有顧客最後一次溝通的時間和內容嗎？

無法做到（0）、可以（2）

7.你知道哪些顧客是最好的推薦人，可以為你進行口碑宣傳嗎？
不知道（0）、知道（2）

8.你會與顧客進行例行溝通嗎？
不會（0）、會（2）

9.你有正在使用的推薦人制度嗎？
沒有（0）、有（2）

10.你會經常徵求推薦嗎？
不會（0）、會（2）

11.你的公司會收到顧客主動送來的表揚信嗎？
不會（0）、會（2）

12.每一次與顧客溝通都會有記錄證明嗎？

不會（0）、會（2）

13.你會迅速接聽顧客打來的電話嗎？

不會（0）、會（2）

14.你會迅速回覆所有的銷售和服務需求嗎？

不會（0）、七天以內（1）、二十四小時以內（3）、九十分鐘以內（6）

15.你知道每次銷售走向及後續服務嗎？

不知道（0）、偶爾（1）、知道（2）

16.每次你提的建議都有後續追蹤嗎？

不知道（0）、我覺得有（1）、有（2）

17. 你知道你現在的顧客流失率嗎？
不知道（0）、知道（2）

18. 你知道為什麼顧客停止和你做生意嗎？
不知道（0）、知道（2）

19. 你參加定期的激活顧客活動嗎？
不參加（0）、參加（2）

20. 你能仔細說明你的顧客原型嗎？
不能（0）、能（2）

21. 你知道顧客對公司的價值是多少，以及你願意花多少精力來獲得一位顧客嗎？
不知道（0）、知道（2）

22. 你會使用保證和風險逆轉嗎？
不會（0）、會（2）

23. 你採用經常性盈利模式或產品訂閱模式嗎？
不採用（0）、採用（2）

24. 你一直在尋找提高客服品質的新方法嗎？
沒有（0）、有（2）

25. 你多久給你的潛在顧客和現有顧客寄送例行、非推銷的資料？
幾乎不（0）、每一季（2）、每個月（4）、每個星期（5）

26. 你多久更新網頁內容？
幾乎不（0）、每一季（2）、每個月（4）、每個星期（5）

27. 你只給予頂級顧客獎勵，並提供特別活動或獨家產品和服務嗎？

不是（0）、是（2）

28. 你會經常去競爭對手那裡購物嗎？

不會（0）、會（2）

29. 你會打造自己的非凡時刻嗎？

不會（0）、會（2）

30. 你使用淨推薦值（NPS）作為顧客回饋的主要來源嗎？

使用（0）、不使用（2）

31. 你知道你的顧客購買週期，以及他們什麼時候會再來和你做交易嗎？

不知道（0）、知道（2）

32. 你會在恰當的時間向真正購物的顧客進行推銷嗎？
不會（0）、會（2）

33. 你的員工在合理範圍內有權讓不開心的顧客高興嗎？（這是指員工可以使用經費——在合理範圍內——不需要透過管理層的核准來補救局面）
沒有（0）、我覺得可以（1）、在合理範圍內可以（2）、員工可以有特定次數在不必取得授權下來進行上述處理（4）

34. 是否每一位員工都能回答關於公司的基本問題？（洗手間在哪裡？櫃檯在哪裡？誰可以幫我影印？我該找誰修理東西）如果進行這樣的測試，是否每一位員工都能成功通過？
不能（0）、可能可以（1）、能明確說出來（4）

35. 公司的CEO或總裁（也許是你？）在第一線工作，並且至少每九十天會有一次親自與顧客直接互動？

沒有（0）、是的（2）

36. 如果我請你的所有銷售人員詳細說明並定義整個銷售流程，他們會做出相同的成果嗎？

不會（0）、會（2）

37. 你知道潛在顧客在階段二中的前五個抗拒和懷疑的原因嗎？

不知道（0）、知道（2）

38. 即使心理學家席爾迪尼的影響力原則不完全是真的（例如：缺乏），你也會運用嗎？

不會（2）、會（0）

診斷結果

將每題的得分相加，看看得分情況。

A、得分低於五十一分，說明你提供給顧客的顧客體驗不好。你的生意可能很穩定，有利潤，看起來還不錯，但是你最大的成長機會，是需要透過了解忠誠循環的每一個階段，由此創造出平衡、一致的顧客體驗。你可能會由於經常流失顧客而投入大量時間、財力和精力來獲取新顧客。

B、得分在五十二分至八十九分之間，說明你提供的是表面的顧客體驗。你了解顧客體驗的每一個階段，然而小關鍵會打開大門，你還有上升的空間。只要做一點現在沒做的事，還有可能將利潤與收入提高五〇％到六〇％，或者更多。

C、得分等於或高於九十分，恭喜你！你為顧客提供了非常棒的顧客體驗，你的交易情況證明了這一點。但是，即使你得分很高，利用忠誠循環的能量仍然還有更多的機會調整、改善，並創造明顯的成長機會。不管如何，你的工作表現不俗，應該得到嘉獎。繼續改善，繼續調整，繼續測試，使用這個解決方案進行持續的改善。這個診斷測試是可能得到滿分的——你得到了嗎？

Chapter 03 階段一：深入了解顧客心理

「危險旅程招募人員：收入低、天氣嚴寒、漫長的黑夜、危險不斷、平安歸來難以預料。一旦成功，既有榮譽也能有認同。」

——歐內斯特・薛克頓（Ernest Shackleton）

上述這篇廣告刊登在上世紀初倫敦的報紙上。據說廣告收到至少五千多封回覆，涵蓋各個年齡層，他們表示可以隨時開啟這場生命之旅。《一百則最偉大的廣告》（*The 100 Greatest Advertisements of All Time*）書中記錄了這些回覆。[1]這則廣告是由極地探險家歐內斯特・薛克頓所寫。當然，這則廣告可能是個傳說，可能從來就沒有刊登過。一家網站公司在過去十五年裡，一直致力於找到刊登過這則廣告的報紙，聲稱任何找到的人都可以得到一百美元的獎勵。[2]幾十家網路偵探公司搜尋了成百上千份報紙的微縮膠片，但至今還是沒人找到。我建議增加賞金，但還是先趕快回到這篇廣告上吧。

銷售、行銷、顧客忠誠專家們一直在談論傳統的顧客旅程。在前面一章裡已經討論過。專家們常常把傳統顧客生命週期的前兩個或前三個階段，看作是最重要的部分，有時卻又不夠重視接下來的幾個階段（這些階段可能是幫助我們將公司利潤和收入最大化的最重要階段）。

優秀的行銷人員、專業撰稿人、銷售人員、打造顧客體驗的奇才、成長駭客（growth hacker）等等，幾乎都無一例外地將主要精力放在從興趣點找到顧客，然後讓顧客乖乖奉上一捆捆現金。他們認為如果已經完成這一點，那麼工作就算完成。而我一直在他們面前嘮叨的是：你們工作還沒做完！

我們都聽過這個陳腔濫調：爭取一個新顧客的成本是留住一個老顧客的五倍。用這種方式獲得的新顧客和現有顧客之間存在一個問題，它低估了努力保住現有顧客的過程，只把它看作是一個大腦二元性的問題——新顧客與現有顧客，為獲得新顧客所做的投入，最後很可能會壓縮到對保留現有顧客的投入。但是，現有顧客也是新顧客。進行這樣的分類本來就是錯誤的，因為他們不是兩個可以互相替代的，他們可以是同一個人，只是處於整個過程中的不同階段。這有點像在醫療過程中用於診斷的各種方法，卻很少用於治療。

這種錯誤分法的另一個問題是：爭取一個新顧客的成本是留住一個老顧客的五倍，但卻沒有人告訴我們，怎麼才能讓現有顧客產生這五倍的價值，但我可以。我不是自吹自擂，在上一本著作《常青》已經詳細談過這個問題。我不僅倡導要建立一個策略框架，讓公司能更加了解自己，了解為誰而做，了解如何培養和加深更有意義、更有利的顧客關係，還要真正建立一個思維模式。這個思維模式就是公司投入大量時間和精力用於尋找新顧客，或者從第一次的接觸點開始關心和培養顧客，並使之有成效地長期與公司做生意，這二種做法是相互對立的關係。

要想進一步探討這個問題，首先從新顧客體驗的心理學角度開始了解顧客忠誠循環。

用心了解顧客

本書會討論為什麼巧妙的說服術只會讓公司發展到目前為止，無法再前進。如果你想成功，在顧客忠誠循環階段一，沒有什麼比真正了解你的買家是誰更重要，這樣你才能創造行銷，直接和他們談。在階段二，你需要了解他們的需求、恐懼和慾望，這樣才能正確地消除銷售中的阻力。階段三，把實際的顧客體驗盡可能當成有個性和有意義的體驗，這非常重要。這是一個有趣的練習，但這種有趣難以描述。我曾經和執行團隊、CEO、銷售和行銷人員一起做過這個練習。大家都發現，人們對下班後在電視上看的人，比他們每天服務的人還要了解得多。如果你想掌握忠誠循環，「全面了解你理想中的顧客」是非常重要的。

在最近的常青峰會（Evergreen Summit）上，我請一群公司高階主管詳細描述一個他最喜歡的電視劇角色。一開始，他們困惑地看著我，不明白我的用意是什麼，但後來他們都參與這個討論。兩分鐘後，大家低下頭詳細寫下關於《絕命毒師》（*Breaking Bad*）中的沃特．懷特、《人生如戲》（*Curb Your Enthusiasm*）中的拉里．大衛、《男人兩個半》（*Two and a Half Men*）中的查理和其他人的詳細描述。我請人分享自己寫的內容，一位非常成功的CEO詳述沃特．懷特這個角色的細節。他告訴大家沃特．懷特在哪裡工作，開什麼車，頭髮什麼顏色，他的奮鬥目標是什麼，他的家庭是什麼樣子等，舉不勝舉。房間裡的其他人也詳細描述他們最喜歡的角色。

當他們完成後，我要求他們翻到下一頁，寫下對理想顧客的詳細敘述。儘管他們都開始低頭寫，但我馬上就能看出來，對他們來說這題目比想像中困難得多。最後一位寫完時脫口而出：「好吧，諾亞！你說得對！」大家聽到都笑了，幾乎每個人都認為，寫下最喜愛的電視角色的描述，比寫下理想顧客的描述更容易。為什麼會如此呢？應該有一種解決的方法。以下的行動步驟對銷售人員、行銷人員和面向顧客的員工，都是一個極好的練習。

行動步驟：喜愛角色練習

步驟一：讓你的團隊寫出他們最喜歡的電視或電影角色的詳細描述。給大家五分鐘時間。

步驟二：請他們花幾分鐘的時間互相交流分享。記下他們知道的虛構人物的所有微小但重要細節。

步驟三：請他們完成對理想顧客的詳細描述。在跨團隊和跨部門間完成這個練習非常重要。

步驟四：當你發現大家對理想顧客有不同的描述時，就需要共同努力打造你們的「買家角色」。

如果你的團隊明顯在這個部分需要大量協助的話，我會督促你花更多時間來了解你的顧客原型。如果你發現團隊很清楚你的顧客是誰，什麼對他們很重要，那就繼續向前跳到下一個練習吧。沒有什麼比「全面、徹底、深入地從心理和情感角度去理解整個顧客群」更重要了。你需要了解如何接觸每一類顧客，用什麼與他們產生共鳴，以及如何與他們交談。如果你知道你在找什麼，你就能找到你想要的。

喜愛角色練習是一個很好的方式，可以看看你的團隊是否真正了解自己服務的顧客。這對整個體驗來說是重要的，因為它能指導人們有效地與顧客進行溝通。

個性化體驗

對於提供優質的顧客服務和超越顧客的期望，有一個基本假設：在這個瘋狂追求自動化和降低成本的世界裡，必須要去理解「個性化」在當中的力量，以及如何平衡個性化與公司經營的自動化，由此來將個人風格的影響極大化。顧客體驗必須是有意義的、難忘的和個性化的。一旦涉及提供個性化、積極和一致的體驗時，很多公司就放棄了。

今天，許多更大型的公司正在利用大量數據來提供比以往任何時候更「個性化」的體驗。有規模的公司都必須意識到：確保體驗具個性化、積極性和一致性，是十分重要的。甚至寫信給一位老顧客時，使用如「親愛的顧客」這樣的寒暄，會讓老顧客產生不滿的情緒。顧客真的受到尊重了嗎？你的電話對他們來說真的很重要嗎？公司需要注意的是：可以把體驗如何開始和結束，做為兩個關鍵機會，來影響一個潛在顧客，使他成為新顧客並繼續發展成為忠誠顧客。

有沒有簡單的方法來提高顧客滿意度？研究顯示有。一項關於餐廳服務人員的研究發現，餐廳服務生能透過使用一些簡單的策略來增加小費的收入，這說明了顧客對於服務生提供的服務感覺更好。服務生會在餐桌上放一些薄荷糖，過一段時間後，他們會再次走到桌邊補充更多薄荷糖，以免客人想吃時沒有。調查發現僅這一項服務，服務生的小費就增加了二三％。這個研究說明了什麼？說明了對顧客提供更加個性化的關注，能明顯提高顧客滿意度，即使只是藉由提供更多的薄荷糖等小東西。

這項研究中有幾種方法與顧客忠誠循環有關。首先，它顯示出免費提供、個性化的關注、跟進服務等小細節，是可以大大提高顧客滿意度，以及提高顧客的忠誠度。其次，它說明了「採取非侵入的方式來關注顧客需求」的重要性。在這個例子中，服務生走過來補充更多薄荷糖，因為他有在注意這張桌子的客人是否有更多需求。對客人來說，這說明服務生考慮到他們，對他們的需求表示了關心，使他們得到更加個性化的服務，即使是在用餐結束時才做。

整體來說，這項研究顯示出透過關心和關注顧客，甚至是透過小細節，顧客服務可以明顯改善，這將提高顧客的忠誠度和滿意度。例如，在顧客購買產品後，可以打個電話感謝他們。這很簡單。當然也別忘了親自寫封感謝信的力量。幾乎沒有人這樣做，但它總能產生極好的反應。

行動步驟：接觸點練習

在整個忠誠循環中，查看所有小的顧客接觸點，並集思廣益，讓體驗過程的每一部分都更有意義、更難忘、更個性化。

如果有人預訂你的飯店，不要寄信件進行確認，要打電話進行跟進服務。如果有顧客從你店裡買了東西，或者他們的營業場所安裝使用你公司的產品，你可以每隔一段時間走訪顧客並檢查一下。

最後，根據業務類型，進一步對顧客進行分類，親自且以專業角度記錄他們的興趣。這是我要強調的，而且並不複雜。我通常一年承接大約六到八個大型專案，任何一次我都讓顧客維持在相對較小的規模狀態。我有很多需要去輔導、指導和做講座的客戶，我也從事一些大型的管理專案計畫，我對他們的每一項業務都很了解。

我會經常收集客戶可能感興趣的文章、故事和其他東西，做成一個文件，每個月寄送一次給客戶，但不是說每個人在每個月都能收到一些東西。我有一個從事殯儀業的客戶，當我看到《紐約時報》上有一篇關於該產業的有趣內容時，我會把文章剪輯下來或用簡短的筆記方式轉寄給他：「尚恩，這很有趣，而且和銷售團隊的工作有關，你有什麼看法？」這就是有意義、難忘的、個性化的。這沒有惡意，純粹是附加值。當然不可能把這個做法擴展到成百上千的顧客，而且也沒這個必要。我的另一個客戶對釣魚有濃厚興趣，我有相同的愛好。他很感謝我經常寄給他一些有趣的東西。

想一想你希望顧客對你的銷售和服務說些什麼。

專題討論：接受稱讚

讓你的團隊一起討論以下的問題：

- 對於你的生意，顧客能提出最好的三到五個稱讚會是什麼？
- 你是否做了足夠的事情來影響這些稱讚？
- 目前的顧客評論和推薦證明你得到了這些稱讚嗎？
- 如果沒有的話，還有什麼地方需要改進？你能做什麼，應該做些什麼來確保得到這些稱讚？

新顧客體驗

第一階段從銷售前就開始了。這是顧客第一次接觸到你的品牌，或者在他們的腦海中第一次植入你公司的名稱。**顧客忠誠循環早在銷售之前就已經開始了**，雖然這對許多人來說是違反直覺的。它從你的銷售、市場和廣告宣傳開始。當顧客第一次看到報紙上的應徵廣告並停下腳步說：「把我招去冒險吧！」；當他們第一次打開電子信箱尋找公司的宣傳冊子時；當他們第一次透過Google搜尋公司時；當他們第一次被信任的同事告知，他們需要使用你公司的軟體來解決問題或銷售時；這些與你的產品最初接觸的印象和記憶，是所有後續行銷操作都需要的根本。

這個階段變成了所有關於顧客行為的階段，了解我們的行為如何與顧客的感覺一致，更重要的是要與顧客如何做決策一致。首先問自己這樣的問題：「如何才能更理解目前正在發生的事情，怎樣才能利用這些訊息來改進銷售和行銷工作？」

在階段一，真正的祕訣是：學習如何將正面的印象植入潛在顧客的頭腦裡，透過這種方式來講述公司的故事，並使他們保持對公司的興趣，最終與公司做生意。

我們將討論一些可以主動完成這項工作的方法。此外，還將討論為什麼這樣做會有效果的科學依據，並提供解決方案，讓你看看自己在這個階段的付出，並加以改善。我們可以做到這一點的方法之一是：搶占市場。

搶占市場

搶占市場是我們這個時代最偉大的行銷突破之一，它來自廣告人克勞德．霍普金斯（Claude C. Hopkins）。[3]對於搶占市場，可能有兩個你不知道的瘋狂事情：一是，這種銷售和行銷的突破早在一九一九年就發生了，二是，現今行銷界裡幾乎沒使用這種方式，儘管現在社群媒體和數位敘事的新工具崛起，搶占市場比以往任何時候都更為重要。它是你能採用的最強大行銷技巧之一。而且，這一點在忠誠循環的第一階段中至關重要。以下一起來看看這個故事。

施麗茲（Schlitz）啤酒公司遇到了困難。十九世紀末，施麗茲啤酒讓美國中北部的密爾瓦基（Milwaukee）這個地方聲名遠播，但在二十世紀初，啤酒的銷售額開始下降。他們在競爭日益激烈的市場上受到擠壓，失去了市場占有率。雖然他們擁有很好的產品，但競爭越來越大，因為大家都在銷售同一種產品。施麗茲啤酒公司認為他們的產品需要商品化，而且需要有人來幫助他們解決這個問題，於是他們冒險雇用了一名優秀的顧問——克勞德·霍普金斯。我要做一個厚臉皮自我推銷的簡短說明：聘請優秀的顧問是很重要的。（例如我！）

霍普金斯是那個年代的唐·德雷柏（知名電視劇《廣告狂人》中的人物）。他到啤酒廠後與管理人員見面，並參觀了工廠設施。當經理們對他說，這是一次非常標準的釀酒設施參觀之旅時，霍普金斯對他所看到的一切感到十分驚訝。他注意到工廠坐落在五大湖邊，湖水流入四個大盆地，提供源源不絕的乾淨水給植物。隨著他繼續參觀，他很震驚這家公司沒有對啤酒的生產進行分化。

霍普金斯參觀公司的研究中心，公司在這裡進行成千上萬次的酵母菌實驗，來完善和提高成品的品質與純度。他還參觀了瓶子清洗區，看到每個瓶子至少被清洗十二次，以去除瓶子中的所有雜質，從而確保生產出品質最好的啤酒。他注意到許多科學試驗區裡裝滿了空氣淨化器，工作人員穿著實驗室防護衣。這些都是為了防止雜質進入啤酒中。

當霍普金斯參觀結束後驚呆了，他問主管：「你們為什麼不把這些告訴顧客呢？」主管們回答：「因為所有的啤酒都是這麼生產的啊。」霍普金斯想了一會後說：「你說得對，但沒有人告訴大家這件事。」幾乎所有的產品和服務在一定程度上都是一種商品。事實上，大多數產品和服務之間幾乎沒有什麼區別，很多公司透過類似的廣告，以類似的價格出售品質相近的產品。簡言之，公司確實很難從市場上區分自己。

霍普金斯意識到，在其他任何人都能說出你的故事前，你的想法會激起潛在顧客內心深處的激情。傑・亞伯拉罕（Jay Abraham），這個時代最偉大的行銷專家之一，把這種做法稱為「搶占市場」。[4]搶占市場是指銷售前發生的一切事情，在說服顧客購買之前，將故事植入顧客的腦中。當大多數公司都在等待那些準備購買的潛在顧客時，搶占市場就是在你的競爭對手有機會影響潛在顧客之前，就先建立起信任、關係和故事。這造就出不公平的競爭優勢，現在你可以使用它。

霍普金斯圍繞在「純度」的概念為施麗茲啤酒創造新聞。每個啤酒製造商都把他們的啤酒稱為純啤酒。但霍普金斯則不同，他所做的是解釋為什麼施麗茲啤酒是純的，以及施麗茲啤酒有多純。例如在廣告中提到，施麗茲啤酒的棕色瓶提供額外防止陽光的安全保護，淺色啤酒瓶會讓啤酒變質。其他生產廠都使用棕色的瓶子嗎？當然，但沒人解釋為什麼。另一個廣告是讓消費者問醫生關於施麗茲啤酒的純度——為什麼這麼做？因為「醫生知道純度的重要性」。[5]

科學告訴我們搶占市場是什麼，為什麼它會起作用。那麼有什麼研究可以說明，為什麼搶占市場會產生影響嗎？來看一下我最喜歡的社會心理學家和他關於幸福的著作。哈佛大學社會心理學家丹尼爾．吉伯特（Daniel Gilbert），在他的著作《快樂為什麼不幸福？》（*Stumbling on Happiness*）[6]中提出了一個有趣的見解，說明為什麼要搶占市場，如何搶占市場，以及我們如何能進一步利用搶占市場的優勢。

吉伯特認為，人們願意相信他們讀到或聽到的一切，無論是真實的，虛構的，或徹頭徹尾的謊言，但這只發生在他們第一次讀到或聽到時，後來他們就可能會開始懷疑了。簡言之，人們至少會相信一秒鐘。搶占市場讓你先在顧客心中植入一個故事，這是一個強大的概念，我們都可以使用。這並不是說我們在植入真實、虛構或徹頭徹尾的謊言，但我們可以主導自己所講述的故事，並確保與競爭對手區別開來。更重要的是，這些故事的重複使用會讓一切更加可信。

把搶占市場的概念看作是你的機會，在競爭對手有機會吸引潛在顧客的注意力之前，把想像的種子和記憶植入顧客的頭腦中。太多的品牌、廣告和行銷公司，都沉迷於試圖藉由這些「干擾」來獲得某種意識的瞬間。他們需要吸引眼球！想做的除了吸引更多的眼球，還是吸引更多的眼球！一個更有效的途徑就是：仔細考慮你想植入的記憶，並努力去執行。要做到這一點，你需要一個故事，這個故事需要足夠引人注目，可以讓潛在顧客關注。

試一試下面的思想實驗。把自己置身於二十世紀初的倫敦，你正在看報紙。一邊喝著早茶一邊隨意地翻閱報紙，英國警察的警報聲從遠處傳來。一陣涼風從窗外吹進來。當你快速瀏覽分類廣告時，只是瞥了一眼，突然你的目光被吸引住。你看到在本章開始時提過的極地探險家薛克頓的廣告。一個只有五十個字左右的廣告，一個沒有花俏圖片只有普通內容的廣告，但卻是一個能讓你停下腳步的廣告。該探險廣告實現了那家報紙上許多廣告都無法達到的關注度。它在你的大腦裡植入一個故事來引起你的注意，一個關於冒險、探索未知世界、成為英雄和傳奇的故事。

我們可以從很多方面得到潛在顧客的關注，這就是為何「注意力」在傳統的顧客生命週期裡一直被貼上不足的標籤，因為注意力總是處於短缺狀態。你可以在桌上敲打鎚子來引起別人的注意。你可以說挑釁和尖銳的話，這也可能會引起別人的注意。但還有一種更有效的方法，就是讓注意力發揮重要的作用。

我們有一個機會來播種記憶的種子並講述一個故事。故事是有感情的，它可以創造反應。這就是探險家薛克頓做的廣告，也是霍普金斯為施麗茲啤酒做的廣告所產生的作用。

為什麼注意力能發揮作用？

想想，如果是你看到探險家刊登的徵人廣告，你會做出怎樣的反應？你會在腦海中創造出一個探險隊的形象。它可能會激勵你擁有冒險、危險、挑戰、英雄主義和成就的形象。請注意，這個廣告拋出了像是危險和榮譽的想法，讓你和閱讀者完成剩下的事情。換句話說，廣告給你幾個關鍵詞來讓你來編寫自己的故事。此外，它不僅寫出這是一份什麼樣的工作——危險的遠征，也寫出「為什麼」需要這份工作的理由——榮譽和成就，再加上一點點的英雄主義。

這個廣告呈現出幾個認知偏差。其中一個是害怕失去。廣告上註明「招募」，但沒有提到多少人。很明顯，這不是針對每個人。儘管可能條件艱苦且薪資低，但這份工作肯定會有競爭。事實上，這則廣告暗示只有一種特定的人才能獲得資格：那些不在乎危險和困難條件，更喜歡冒險和榮譽而不是金錢的人。這個廣告以微妙的方式定義出一個群體，哪個有自尊的人不想成為其中一員呢？

另一方面，薪資低的事實可以被看作是一種優勢。這分工作是關於冒險和榮譽，任何金錢都買不到。如果這是一個標準的職位，薪資低將是一個不利的條件，但這裡凸顯出特殊性質和真正的機會吸引力。

此外，這可能是你第一次看到這樣的廣告，並因此「錨定」所有未來你接觸到的類似廣告。所以，假設第二天你看到了一個「去世界另一個地方探險」的廣告，你會自動回憶起最初看到的那個探險家招募廣告，它會影響你的想法和你面對新廣告所做的決定。

正如你看到的，有一些重要因素影響了搶占市場的力量。但是，有沒有另一個可以使用的強大工具，一個甚至在體驗發生前就可以顯著影響顧客體驗的工具呢？如果有，是什麼工具？答案就是**預期記憶**。

簡單的思想實驗

和我一起做以下的思想實驗：想想你上一次的假期。我不是指上一次出差，而是一個真正、放鬆的假期。

也許你前往加勒比海度假，躺在阿魯巴島白色的沙灘上打發時光。也許你在阿拉斯加乘坐遊輪航行，欣賞著阿拉斯加雪山的景色，或者在遊輪的陽臺上一邊喝著熱咖啡，一邊看著駝鹿和灰熊在河床上遊蕩，偶爾還會看到禿鷹。也許你在遊覽法國波爾多的葡萄園，品嚐你喝過的最好的葡萄酒，日子就這麼一天天過去。把眼睛閉上一會，想一遍全部的經歷。

需要多久就想多久。試著記住你看到的景色、聞到的氣味和微風拂過皮膚的感覺。記住你第一次嘗到的食物味道，或者你腳趾間的沙子。想完後再過來找我。不用擔心，我還會在這裡等你。

在你完成這項活動的短短幾分鐘內，你腦海裡發生了一些迷人的事情。它是如此深刻，如此強大，而且非常適用於你的生意。剛剛幾秒鐘內，在你腦中那團果凍般的大腦發生的事情，可以徹底改變公司和組織的運作方式。剛剛發生的事情可以對你產生重要的影響：幫你有效推銷生意、將顧客價值最大化、建立顧客忠誠度。

還有一些更有意思的東西。如果你睜開眼睛做了剛才告訴你的練習，從技術的角度來講，你完成了任務。以下是我想強調的。

你的大腦只是以幾乎無法估計的速度處理了數十億個微小的訊息，試圖拼湊出你最後一次度假的記憶。科學家或神經學家稱之為回想或檢索過程。如果你去度假，你的大腦會快速地將整個假期的片段、碎片組合起來，創造出你上一次旅行的一些心理圖像。

如果你沒有完成這個練習，那麼毫無疑問，關於旅行中非常獨特和難忘的事情你記得很少，可能會看到某些時刻在你腦海裡重播。你的旅程可能在上個星期，記憶仍然很新鮮，或者可能是三年前的事。（如果是這樣，你需要花更多時間組織記憶！）什麼時候去度假真的不重要，結果是一樣的。

現在你也許會想：「我最近的海灘之旅能如何改變公司的運作方式？」也許你會好奇，你的記憶力能怎樣幫助自己創造一個更賺錢的公司。也許你只是在想：「我最後一次度假和顧客體驗、顧客服務、以及顧客忠誠到底有什麼關係？」我想告訴你，將公司潛力發揮到最大限度，並簡單了解預期的記憶，你就可以創造一個幾乎不公平的優勢。但在這麼做之前，需要看看曾經進行過的最迷人的醫學研究，以及它對我們的意義。

馬汀．塞利格曼（Martin Seligman）博士在他的經典著作《真實的快樂》（*Authentic Happiness*）中寫過一個關於結腸鏡檢查的實驗：

> 六百八十二例患者隨機分為常規結腸鏡檢查，以及在結腸鏡檢查固定不移動的情況下增加一分鐘——由於固定結腸鏡，這讓最後一分鐘的不適感比之前少，但它確實添加了額外一分鐘的不舒服。當然，增加的一分鐘代表這組比常規組承受的疼痛量多一些，然而由於他們的結束體驗比之前好，所以對此的記憶也相對美好。令人驚訝的是，他們比常規組更願意再次接受檢查。在你的生活中，你應該特別注意結局，因為結局的色彩將永遠渲染你對整個體驗的記憶，及重新進入記憶的意願。

在我告訴你這個研究很重要的原因之前，先聽聽以下這個例子，是之前談到的諾貝爾獎得主、《紐約時報》暢銷書《快思慢想》（*Thinking, Fast and Slow*）的作者丹尼爾．康納曼，他在自己的書中也提到這點，當他在著名的TED大會演講時，他分享過同樣的研究成果。我認為是塞利格曼的著作影響了康納曼，反之亦然，但是把這種情形稱為巧合會更有意思。

這兩位心理學家嘗試告訴我們人類心靈的內部運作方式。一位是研究大腦與快樂，另一位是研究人類如何思考和做出決定。

我在前面已經說過，我不是心理學家，我也不在網路上（或在我寫的書中）玩心理學，但這也是為何這點重要的原因：兩位心理學家都無意中發現了最深刻的商業經驗之一。

我來解釋一下。這些研究告訴我們為什麼顧客選擇與這一家公司做生意，而不是另一家公司。這項研究還告訴我們，為什麼他們會繼續與一家公司做生意，為什麼他們會選擇提前結束與其他公司的生意關係，或者在一段時間內又回來與這家公司做生意。

簡言之，心理學家發現了一個祕密：不僅能知道如何得到一個顧客，更能明白如何留住顧客。這是在這個星球上做任何生意都會遇到的兩個主要問題和挑戰。

之前我也分享過這個迷人的醫學研究。但在那些場合，我討論的是如何確保顧客關係盡可能以積極方式結束，讓我們可以透過努力重新活化顧客，將丟失的顧客重新找回來。直到我在比較過康納曼和塞利格曼的研究並在不同之處找到關係，我才發現這個研究中更具意義的地方。

這項研究告訴我們的，與無處不在的行銷專家、作家、大學教授和顧問的觀點相反：不是顧客體驗開發出一個終生顧客、或是一個回頭客，而是顧客體驗的「記憶」開發了一個終生顧客。回想一下，早先討論過的認知偏差，我們在研究中發現**記憶就是體驗**。發生了什麼並不重要，重要的是記住了事件中的哪些點。這些點會受到回憶中最強烈情感的嚴重影響。因此，如果結腸鏡檢查的最後部分讓你體驗到解脫，你就會對事件有過度積極的記憶，因為它是被「解脫感」和「不適感的減少」所渲染。更重要的是，並不是你的銷售或行銷讓你一開始就得到顧客，而是顧客對「期待體驗的想像」與你的銷售或行銷有關聯。這又和前面一節討論的搶占市場有關係。

現在你可能在想：「等一下，『顧客的體驗』和『體驗的記憶』有什麼區別？」

其實有很大的區別。顧客忠誠度成為一個記憶的功能，如你所見，即使是一個好的體驗也可能會因為錯誤的記憶提醒而減退。我們不是回憶一個完美的記憶；事實上，正如曾有人說過：「記憶不僅能夠被檢索，它們也能被重建。」[7]

所以我建議：與業界規範相反，公司銷售的最重要東西不是產品或服務，記憶不是從中獲得的利益，它甚至不是一次好的顧客體驗。相反地，正是這些回憶，在你的腦海中產生了共鳴，並在你腦海中留下了記憶。這些記憶在銷售前、銷售中及售後某一瞬間的衝動中被回憶起來！**在「體驗」和「體驗的記憶」之間，存在一個讓人著迷的差異。**

至此我們已經了解了這個差異。我們現在知道，大腦努力地以突破瓶頸的運作速度來創造心理圖像，或從存在果凍狀大腦中的數以億計的訊息裡創造記憶。不幸的是，太多的公司錯失創造這些心理圖像的機會。讓我來告訴你一種方法，可以確保你一直在創造正確的記憶。從公司的銷售、行銷，到創造一個卓越的顧客體驗，這種方法可以改變一切。

康納曼說，我們每個人每天都會經歷約兩萬個瞬間，七十年的生命中會經歷五億多個瞬間。顯然，我們無法記住所有這些瞬間的精確細節，哪怕是很小的一部分。無論某間公司讓我們發出多少次「哇噢」的體驗，我們根本記不得全部體驗。儘管大腦裝備了「大數據」，並塞滿現存最大的存儲設備之一，我們仍無法捕捉和保留所經歷的一切。這並不是說大腦不能夠保留大量的十億位元組的數據。事實上我們的大腦儲存了大量訊息，甚至是很多年前的記憶，包括我們的童年。

我們常常可以透過像氣味這樣獨特的東西來喚起一種記憶，或者可以透過自己的思想重現氣味。例如，我對小時候的祖父母房子的味道有著清晰的記憶。我記得童年大多數時間是在他們的房子裡度過，記得祖母的油畫顏料放在廚房裡，她在那裡完成她的最新力作，顏料和畫作的氣味與烤箱裡烘烤的甜點香味混合在一起。我可以在某一刻回憶起那個味道（當我寫下這一段時，這個味道又回到我身邊），你也可以重現類似的氣味。而這味道好像就擺在你鼻子前。你可能對成長時住過的房子有類似記憶，或是父親每週六早上帶你去上游泳課時，游泳池裡的氯氣味道，或者是爺爺舊福特車的發霉氣味，或是曲棍球場裡更衣室的味道。我甚至還記得小時候住過的房子裡最小的角落和縫隙，即使我已經超過二十五年沒住在家裡了。

在那些記憶的閃現中有無數瞬間，只是我們沒有留存下來。小時候為了不去看牙醫，我在衣櫃裡花了很多時間建造堡壘，現在我能重現兒時臥室衣櫃裡的畫面，然而我感覺到的場景是確定的，但我的記憶並不是真的「準確」。

我盡最大努力在腦海裡再現畫面，拼湊許多存儲的時刻，它可以創造一個記憶，但伊麗莎白．羅芙托斯告訴我們，人們創造了虛假的記憶。

假設你在看這本書的時候是三十五歲，即便不是這個年齡，接下來說的也是個很容易做的數學題（把你的生活天數乘以兩萬）。如果你是三十五歲左右，那麼我們可以假設你已經經歷一生中近二．五億個時刻！如果是這樣的話，大部分的時間都去哪裡了？很不幸的是，它們大部分都消失了。他們消失在九霄雲外，再也回憶不起來。

當我們想起生活中的某些「經歷」（結婚的日子、孩子出生、或愛人去世，所有這些都是巨大的情感體驗），我們仍然不記得當時體驗的每一個細節。我們只記得頭腦中儲存的東西，以及那些我們認為重要、被安全儲存的關鍵時刻。我們只是記不起全部。即使如此，記憶的回想是不完全準確的。隨著深入探討這本書，你將了解如何使用這些概念為你的公司建立更大的競爭優勢。

現在，記住階段一的關鍵是很重要的。在這個階段，我們有機會向買家介紹我們是誰，並激發他們的想像力，使他們願意進入第二階段。

行動步驟：速度比快樂更有價值

步驟一：自己假扮成一個潛在顧客，像顧客一樣造訪自己的網站。也許會填寫一份引導的表格來獲取更多訊息，或者只有一個聯絡頁面，又或許只有一個電話號碼。無論有哪種，像顧客一樣測試所有的聯絡方式，並測試回應時間。

如果你有語音信箱，留下一個語音留言，看看要多久才能接到回電。

如果公司有互動式語音應答（IVR）系統，測試多長時間接通電話。

如果你填寫完並寄送出聯絡表，測試看看多長時間才能得到回覆。

步驟二：追蹤結果，並和你的團隊討論。看看是否能在未來三十天內將潛在顧客的回饋時間提高七五％。

步驟三：不要滿足於一個超過三十天且成效小於五〇％的改善。至少要提高七五％，然後再做一次。六十天內你的速度應該快一倍。

速度比快樂更有價值。

贏得顧客信任

我從一本不錯的銷售書籍裡採用了以下想法，用它來和公司的銷售、行銷團隊，以及一些數十億美元的大規模公司進行討論。這本書是《扭轉乾坤的完全銷售秘訣》（*No Lie:Truth Is the Ultimate Sales Tool*），作者是巴瑞．馬赫爾（Barry Maher）。這是一本精彩且有趣的書，我極力推薦。書中談到在顧客忠誠循環的第一和第二階段中，往往可以藉由認識自己的缺點和不足來進行強大的行銷和銷售。馬赫爾在書中解釋說，每種產品、每種服務都有其潛在的負面影響。他分享了蕭伯納的一句話：「家醜外揚。」優秀的銷售員並不害怕那些負面因素，他們不會因此被絆倒，當然也不會試圖隱藏這些負面因素。優秀的銷售人員會利用潛在的負面因素作為賣點；他們甚至可以吹噓自己。

掌握顧客忠誠循環的第一階段，你需要充分了解自己公司的缺點，讓家醜外揚。沒有任何產品或服務是完美的。甚至像Apple這樣的公司，也經常會遇到產品和服務的問題。馬赫爾說，「**事實**」是最有力的銷售工具。書中解釋說，我們必須讓家醜外揚。當我與顧客處於在忠誠循環的早期階段時，我們希望發現缺點，這樣便可以更誠實地對待我們的產品和服務。記住，**第二階段是消除和減少現有的摩擦及阻力**。馬赫爾說，事實和誠實創造信任。「家醜」對你的團隊來說是一個令人難以置信的強大訓練。以下是它的運用原理。

步驟一：成為你自己最難搞定的潛在顧客。讓你的銷售人員團結起來，盡可能誠實地對待產品和服務的缺點。就像聯邦快遞進行的恐怖層次劃分，嚴格保持誠實。深入挖掘，花時間去理解顧客眼中的痛苦和不適。

步驟二：去掉所有的消極因素，花時間把它們變成積極的東西。這不表示你要列出產品和服務的所有積極面，而是問問你自己：消極的一面是什麼？例如，如果有一個消極因素——你買的價格是最貴的，那就問問自己為什麼會如此。對於顧客來說，在最貴的價格裡，積極的一面是什麼？

馬赫爾提出這樣的例子：

潛在顧客：坦白說，你們的價格比別的地方貴。

你：當然了！你知道為什麼嗎？（此處提供了一個極好的機會來減少阻力，並對潛在顧客建立起你先發制人的定位。）

例如，你可以保證網站上有二十四小時全天候的線上服務，提供業界裡無與倫比的服務標準。你可以承諾所有的新零件在顧客回報故障的當天，不論全國哪間門市都可以換貨。

另一個消極例子可能是：你的產品交貨時間最慢。對許多潛在顧客來說，這可能是一個負面因素。但是在這個消極例子中的積極面是什麼呢？也許是你減少了破損和解決運送的問題。

也許你的軟體不是最新款。在潛在顧客眼中，這可能是負面的。但積極的一面是什麼？也許你可以解釋：「這就是為什麼我們的軟體如此穩定。它是一個久經考驗、完整的、經過數以萬計顧客驗證且滿意的軟體，而且已解決所有的故障和兼容性問題。」

馬赫爾的觀點是，其他所有人都會試圖使用「說服」的戰術法則來繞過這個異議。但是，在忠誠循環中我們詳細討論出一個更好的作法是：贏得特定顧客的信任。這是一個很好的方法！

關於家醜，馬赫爾的書提供了一個完整的解決方案，而我只是再多修飾一下。如果你想更深入了解背後的思路，我推薦馬赫爾的作品。以下有一個簡單的方案，我與幾十位顧客已經試過，可以用來解決具體問題。

行動步驟：關於「家醜」

在五到八個人的團隊中進行以下練習。

步驟一：告訴他們，現在大家將一起工作，扮演你最大的競爭對手。你的目標是取代你自己。

描述活動，例如：

- 我們如何戰勝自己？
- 我們如何爭取顧客？
- 我們如何表達我們比其他公司好？

這不僅在於了解競爭對手，同時也能了解自己和顧客體驗中潛在的缺點。

步驟二：討論和彙報。請每個人分享他們可以如何打敗你，以及他們注意到的各種缺點。讓他們紀錄下最具破壞性的方案，藉此發現你和對手的差距在哪。

步驟三：回到現實中，做自己手邊正進行的工作。一起討論所有的消極因素。詢問要如何做才能把每個消極因素變成積極因素。

Chapter

04 階段二：將潛在顧客轉換為銷售對象

第二階段是關於「如何繼續與你的潛在顧客建立強大信任」（在第一階段已經開始）。在這個階段，會以那些對你的產品或服務感興趣的人為例，試著把他們從潛在顧客變成真正的顧客，但並不是用操縱和像邪教之類的說服技巧來做這件事。

在傳統的銷售中，只要每次有人獲得一筆新交易就是成功，而不是為顧客做對的事來與顧客建立長期關係。**當你把「結束銷售」當成工作來完成，你就失去了培養顧客的空間**，這是事實。它也是一種最具破壞性的信念，它抑制了公司「將顧客價值最大化、建立真正有利可求的顧客關係」的能力。而這種最有害的東西，你的顧客在一英里外就可以嗅到。

這樣想吧（think of it this way）[1]：第一階段是展現你的產品和服務、讓顧客體驗非凡、以及令人興奮和不同的東西。第二階段是將潛在顧客轉換為銷售對象，透過轉換的每一步，為顧客提供一個非凡、令人難忘的購買和互動體驗，從而為他們繼續建立「即將到來的期望」。

正如我在介紹循環時所提到的，顧客通常會快速地通過各個階段。他們能很快地通過階段一和階段二，以至於這兩階段看起來根本就沒有發生。有的顧客準備買東西；有的顧客造訪網站後就下訂單；有的顧客花很多錢打電話和我進行諮詢，其實這種諮詢根本沒必要。在不經意間，這些循環的早期階段已經發生，只是和其他階段一樣不明顯。畢竟，顧客或許早在某個地方聽說過你；或許他們不知怎麼地就已經瀏覽了你的網站；或許因為某種原因，他們拿起電話下了訂單。

有個很好的思考方法：想像一個男人在約會前走進一家商店買花。潛在顧客覺得自己需要買禮物。在去接約會對象的路上，他看到了商店，這是循環第一階段。循環第二階段（我們現在所處的階段），潛在顧客走進商店，準備買花。在這個階段，潛在顧客必須迅速且容易地找到他認為合適的一束花。商店必須有相對可以接受的價格，員工必須有足夠的知識回答任何關於出售的各種花卉問題。從本質上講，我們正在縮小最初的購買興趣與實際購買之間的差距。在這種情況下，第一階段、第二階段和第三階段發生得非常快，這很正常。

銷售作為公司要改進的一個部分，常被視為是買賣之間「例行的通篇大論」。買賣雙方都會經歷一連串的步驟，接著對彼此的行動做出反應，並採取策略來抗拒對方的影響。例如，當被問到「潛在顧客提出異議了嗎？」銷售培訓經常會說：「如果有的話，那麼回答五件事中的一件就行了。」這的確是一種策略，但關注的卻是錯誤的結果。更重要的是，這種方法無法消除顧客最初感受到的自然抗拒，顧客幾乎不可能再回頭購買。後面就會談到這個問題。同時，顧客對於這樣的做法是持懷疑態度的，感覺自己好像正在被「扔出去」或「出售」。

當然傳統的銷售方法可以讓公司發展到某個層次，但世界已經改變，我們現在生活在一個以顧客為中心的經濟時代。銷售不需要被當成是一個有競爭力的既定模式，更重要的是，它不再那麼有效了。此外，隨著越來越多關於認知神經科學和心智如何發揮作用的文章發表，消費者也學習到很多溝通過程的知識。當銷售人員對顧客說：「你最好買下這些東西，因為我們很快就要賣光了。」顧客回答說：「請不要對我使用這種風險趨避的恐嚇。」或是銷售員對潛在顧客說：「你或許已經在報紙上看過我們新產品的介紹。」潛在顧客可能會回答：「我知道所有關於可得性偏差的知識，你這麼說沒用。」

越來越值得去做、也越來越有必要去做的是：透過消除銷售中的摩擦阻力，讓潛在顧客可以順利地從這一階段流動到下一階段，並成為真正的顧客。這是整個顧客忠誠循環過程中的一個重要組成部分。**流動**是最關鍵的一點。每個階段都是流動的，而且只要你明白在後一階段你還需要做什麼，流動就不是消極的。我的意思是：如果一個顧客拿起電話，很快就下單購買了，在某些情況下，你可能沒有機會建立信任，或設定期望，或做早期行銷，但可以繼續思考**流動性**，思考公司在顧客忠誠循環過程中的流動性如何。

當你做了一段介紹後，他們是如何快速地透過銷售過程進行購買？你是不是很快就把他們趕了進去，然後直截了當進行銷售？還是採取一種更具有協商性的推銷方式？如果需要的話，你會慢下來嗎？

鞏固顧客信任

第二階段是鞏固信任和影響購買行為。回想一下最初的階段，在早期的行銷努力中就已經努力建立信任，我們在這方面將繼續努力。這就是運轉中的忠誠循環流動性。在這個階段，你需要消除銷售過程中所有的摩擦和阻力，並將潛在顧客轉移到購買行為中。這就引出了一個重要的問題：銷售和市場之間的脫節。雖然真的不應該有脫節，但總是會出現這樣的情況。

行銷部門負責創造在第一階段發生的訊息，在第二階段，你要有一個完全不同的團隊，繼續與顧客建立關係和信任。換種思考方法：**第一階段的行銷讓人們舉手認**

同，第二階段的銷售使人們打開錢包，採取行動。行動不一定是交易。例如，非營利組織可以讓人們在第二階段捐獻，政治家在第二階段尋求選票。這些都是行動的跡象。顯然，銷售和行銷之間存在有極其重要的連結。既然如此，在忠誠循環的這兩個階段之間怎麼還會出現脫節呢？實際上這種情況總是會發生。那麼我們需要做的第一件事，就是了解這兩個階段的流動性和連通性，消除障礙。在第二階段打造行動是顧客體驗中非常重要的部分，不僅僅與第一階段直接相關，與後面的階段一樣有關聯。

當我談到整個顧客體驗時，這是一個最重要也最常被忽略的關鍵部分。如果你考慮第一次打電話給某家公司，當你拿起電話，或你最後在商店買到東西時，體驗可能沒有真正開始。體驗是在你拿起電話的那一時刻、那個地方開始。我們甚至認為，這種體驗在更早的時候就發生了：潛在顧客做出決定拿起電話，打電話給銷售人員，體驗就已經開始。此時不管你是否知道，潛在顧客已經進入你的銷售過程。思考一下，當顧客第一次拿起電話時所有與顧客體驗相關的因素：

- 在對方接起電話前，電話響了幾次？
- 有人接電話嗎？

● 顧客希望多快能接到回電？

● 顧客有語音信箱錄音嗎？

● 信箱滿了嗎？

● 自動語音系統是否要求顧客做選擇？「按1表示贊同。按2表示購買。按3……」你為什麼不直接告訴我你想要去看電影？（《歡樂單身派對》的粉絲們會懂這個笑話。）

● 如果有人接電話，電話另一端的人既謙恭又博學嗎？他知道把顧客導向下一步銷售流程的方向嗎？你應該會感到震驚，因為有太多的生意是直接把顧客導入電話答錄機或電子郵件，而不是進入下一個階段，這太不該了！

這裡我做一個注解：你可以用想像力把本書提到的方法應用到各種類型的公司，因為在書中我沒有足夠空間對每種類型的公司提出具體例子；但我會盡可能地說明。

讓我們繼續舉幾個例子：

● 顧客透過網站做聯絡，這對他們來說是一個簡單操作的過程嗎？

- 多久能有回應？我曾經透過某間公司提供的聯絡方式，從網站上寄電子郵件給他們，四個月後他們回覆了。我沒有開玩笑。在回答中，他們用另一個問題回答我的問題。我還在等待他們的下一個回應！
- 當你登錄網站時，進入下一步的指示是不是很清晰，會不會讓顧客感自己被扔進了一個髒亂的壁櫥裡，毫無頭緒？
- 顧客付款方式容易操作嗎？很多公司幾乎無法用現金支付，對此你可能會（或可能不會）感到驚訝。

正如你所看到的，我們在這一點上已經深入到顧客體驗。大多數公司並不認為這一階段是顧客體驗的一部分，因為顧客實際上還不是顧客，但為什麼呢？潛在顧客在銷售過程的每一部分，以及與公司的每一次互動都在「體驗」。既然公司的目標是將潛在顧客轉化為銷售對象，那麼為什麼不能嚴肅對待呢？我們將這看作是整個顧客體驗的一部分，是合乎邏輯的。就像單身的男人要去約會，在出發尋找真愛時買花一樣，從他走進停車場的那一刻起，他就開始了這段體驗。

你思考過顧客的整體體驗嗎？

讓我們來談談在這個階段發生了什麼，以及如何確保顧客在盡可能減少摩擦阻力的情況下，快速轉移到第三階段。因此，讓我們從第二階段之初開始，假設我們已經進行了潛在顧客的導入！

是的，成功！第一階段已經奏效！但是，我還有事情要告訴你。

潛在顧客資料無效

每個公司都想要有更多的潛在顧客資料數。在傳統的銷售和行銷領域，潛在顧客資料就是一切。這裡有個違反直覺的想法：其實潛在顧客資料一文不值。但每個人都說，他們需要潛在顧客資料、更多的潛在顧客資料、還是更多的潛在顧客資料！給我電影《大亨遊戲》（*Glengarry Glen Ross*）[2]裡那樣的潛在顧客資料！這就像在餵一些瘋狂的癮君子，除非你知道如何從這個階段轉移到下一個階段，然後再進入成交的階段，否則，潛在顧客資料是毫無價值的。更重要的是，如果你還沒有仔細考慮過顧客旅程的這個階段和接下來的階段，那麼所有為了爭取潛在顧客的舉動，都是浪費時間和金錢。正如前面提到的，要進展到能驅使潛在顧客走到你公司櫃臺，但你知道有多少潛在顧客並沒有被跟進嗎？

你知道有多少潛在顧客只接過一通電話，就沒有更多後續了嗎？你知道上週或上個月的網路潛在顧客資料是什麼情況嗎？有多少會轉成交易？

在我開始調查這點時，我發現在我的很多客戶中，他們的潛在顧客甚至超過八〇％沒有得到回電。在你說「這些笨蛋！太荒唐了！」之前，讓我告訴你，我從來沒有感到驚訝，事實上，這幾乎是常態。大多數公司在潛在顧客方面都做得很糟糕，而且對於引導潛在顧客所需的能力缺乏理解，更不用說要進入忠誠循環的下一階段了。這樣的潛在顧客資料一文不值。

創造引力

引導潛在顧客有兩種方式：集客式和推播式。集客式行銷，潛在顧客出現來找你。公司透過銷售和市場，努力吸引顧客，顧客們舉手說：「我很感興趣。」推播式行銷，你可以找到潛在顧客和創造機會——藉由傳統的銷售方式，像是直接郵寄廣告單和上門推銷、電話行銷。

有了推播式銷售和行銷，就有吸引力。如果你的顧客忠誠循環是正確的，那麼吸引力就更容易產生。

根據業務類型，每種類型的潛在顧客都需要不同的對待。例如，當顧客走進商店的那一刻，傳統的實體店就有了潛在顧客。對於餐飲業來說，當有人到餐廳去看菜單決定午餐吃什麼時，潛在顧客就出現了。

有多少家公司追蹤其潛在顧客的銷售率呢？我可以告訴你幾乎沒有。這裡有一個建議：如果你做的是實體店，那麼開始注意看看，有多少人走到商店門口，有多少人離開或沒有購買。甚至更大的零售商也需要追蹤潛在顧客轉換率。這些數據將使你調整、制定和改進顧客體驗。

對線上零售商來說，一個潛在顧客可能是一個有購買意願的人，或是為了獲得更多訊息而填寫表單的人。正如你看到的，會有幾個不同的形式。然而，潛在顧客資料數完全沒有價值，除非能在第一時間吸引他們，說服他們舉起他們的手，讓他們充分相信並成為我們的顧客。我們必須提供一個卓越的顧客體驗，讓他們再次與我們做交易，變成我們各類業務的倡導者。如果不做這些事，潛在顧客資料數是毫無價值的。這裡的重點是，除非把顧客帶到一個快樂的地方，否則潛在顧客資料數是沒有用的。想讓顧客開心，你需要了解第二階段，這個階段主要是在關注銷售人員、面對顧客的一線工作人員以及整個銷售過程。現在所發生的一切，已經有潛力影響到後來發生的事情。

顧客是公司獲取的最貴的東西，也是公司擁有的唯一真正資產。對於一些公司來說，即使讓顧客進入忠誠循環第二階段都是個極大障礙，是需要巨大的花費。如果一個公司想要大幅度成長，就需要了解潛在顧客與長期顧客關係的價值。從歷史角度看，公司都認為收入增長只在於盡可能地開發新顧客，並盡可能地銷售，但這其實是一種很糟糕的生意模式。每個組織都需要了解顧客忠誠循環第二階段中的新需求，並將銷售過程視為顧客體驗的一個構成要素。

打破循環

剛才我提到銷售過程的重要性。不把銷售過程當成顧客體驗的一部分是不智的。透過顧客忠誠循環第一階段，你在顧客腦中創造了一個心像。回頭想想最初的和傳統的顧客生命週期，會發現已經成功創造了意識。你的廣告和行銷工作都把顧客帶到這個要點上，或許他們是透過推薦、口碑來到這裡的，這都沒有關係，儘管不是所有來自推薦和口碑的顧客都是好的，關於這一點之後再談。

無論哪種方式，想一想這個問題：如果回到二十世紀二〇年代，看到廣告人霍普金斯為施麗茲啤酒打造的著名純度廣告，結果到啤酒廠發現它很髒，一袋袋垃圾堆放在大門外；想像一下，一股清澈的泉水從一堆淤泥中流入湖中。在你的體驗與你最初的預期心理圖像之間，一定會出現明顯的不協調。當發生這種情況時，顧客忠誠循環就中斷了。當我們轉換階段或潛在顧客發現自己已進入「商業環境」時，我們要知道，這是顧客體驗的一部分。這包含了從實際環境（可以是線下或線上），到與他們打交道的人，他們受到怎樣的對待，以及從其他來源得到的訊息等的所有一切。

有一件事可以打破整個忠誠循環。即便你做得很好、顧客因此與你進行第一次交易，但有些因素可能會讓他們永遠不會再與你做生意，這是很可怕的。很難想像整個忠誠循環過程的任何一步，都能被一件事情打破，但它確實存在。換句話說，有些東西不符合整體體驗，或者說沒有意義。施麗茲啤酒廠外成堆的垃圾是不協調的，這壞破了所有的辛勤工作成果，儘管我們已經做了很多把潛在顧客帶到銷售上的努力。以下分享一個簡短的故事來說明我的觀點。

去年，我與多倫多的客戶有個活動。活動前我在美麗的香格里拉飯店訂了兩個房間，一間給自己，另一間給好朋友尚恩．費爾特曼，他要在活動中發言。入住體驗令人難以置信。飯店服務人員迅速打開我的車門，我很快下了車，走進飯店，發現有人叫出我的名字（這讓人感覺很神奇），熱烈歡迎我的到來。就好像他們知道我會在那個時候走進來，每件事都是為我準備的。

「晚安，弗雷明先生。很高興你來我們這裡。」當櫃臺服務人員幫我刷信用卡辦理入住手續時，他們送上一小杯熱的日本烏龍茶給我，一條熱的擦手毛巾。最後護送我到房間。去房間的路上我四處尋找行李，閃過一絲恐慌，結果服務人員告訴我，行李已經送到房間。尚恩的經歷和我一樣，沒有什麼不同。他對整個體驗過程如此注重細節感到驚訝。

幾個小時後，我遇到好友尚恩，他問我一個非常奇怪的問題。他問：「你注意到浴室有什麼不同嗎？」我思考了一下問題然後回答：「嗯，有一臺電視！」尚恩說：「你說對了！有臺電視，但是還有什麼呢？」我一直都能好奇地指出自己注意到的所有獨特和有趣的事，但這次我好像沒有看到。最後，尚恩給了我一條線索。「諾亞，你坐下來上廁所了嗎？」我想了一會說：「嗯，有啊。」尚恩說：「太好了！那你注意到什麼了嗎？」我想了一會，尚恩脫口而出：「單層的衛生紙。」我又想了一遍，他說得對。

第二天，我們將在多倫多舉行首次常青峰會，此次會議的主題是：確保你提供的體驗與想要講述的故事以及希望顧客記住你的事情是一致的。飯店不惜代價將顧客體驗做到如此地步，但在衛生紙的小問題上降低了身價。坦白說，這裡沒人用單層的衛生紙。太可怕了。事實上，最近就有足球隊帶著雙層衛生紙去海外旅行，因為他們被提醒說旅館只有單層衛生紙。[3]我去找人談過衛生紙的問題，這個行為惹惱了許多人。我收到很多人的電子郵件，他們聲稱飯店這樣做可能是出於環保目的，或許飯店工作人員沒有注意到這些瑣碎的事情，但是他們都錯了。這雖然是一個**很小**的細節，卻是一個**重要**的細節問題。在這種情況下，我們要問問自己的關鍵問題有：

- 公司在哪些方面削減成本，可能會影響顧客的總體體驗和感受？
- 公司業務中不協調的地方有哪些？

我和我的客戶在一個名為「常青體驗查核」（Evergeen Experience Audit）中做過這些事情。我們做了很多實際的練習，了解有哪些不協調的部分可能會影響顧客的整體體驗。我們不只是看單層衛生紙。我們看的是顧客忠誠循環的全部體驗和每個階段的體驗。我現在分享的故事其實應該放在下一章，當潛在顧客已經轉為顧客，而且顧客體驗已經開始之後，但這個故事說明了階段二的一個關鍵重點：你說的和你做的之間，第一次開始出現重大的不協調。這在銷售過程中是真真實實的。

了解銷售過程

當我問許多潛在客戶他們的銷售過程時，有時他們會像看瘋子一樣地看著我。他們表示，公司沒有明確的銷售流程，也不需要一個明確的銷售流程。他們說：「我們的業務性質又不同。」事實是，每個人都有一個銷售過程。唯一不同的是，有些公司清楚地定義出他們銷售過程中的每一個步驟，而有些則沒有。我並不是說你必須有五個嚴格步驟，每一次新的潛在顧客或有人想來和你做交易時，你都要小心地遵循這些步驟。我建議的是，你的顧客都是遵循一個轉換的過程。此外，如果你沒意識到這一過程，而且還不斷地問自己：「在這個階段我們如何改善整個顧客體驗？」這就不是明智之舉了。

其實這就是整個顧客體驗的一部分，這是為顧客創造附加價值的最佳機會之一。這一價值推動顧客繼續按照忠誠循環去循環，進而實現公司的持續長期增長和盈利。

不論你是本地餐館經營者，是自由職業者，是像Apple專賣店之類的大型零售店，還是一家複合B2B製造商，都不重要。重要的是不管你從事哪個產業，都有銷售流程。這一章的目標是「不強迫推銷地將潛在顧客轉換為銷售對象」。關於銷售、行銷和影響力心理學的傳統書籍，經常談論的是交易行為中的推銷手法。影響力工具是一種策略，我們總是聽到人們說，這種策略可以在整個銷售過程中使用，來推銷潛在顧客購買產品。

顧客忠誠循環的重點是轉換而不是強迫推銷，我們做好每個階段的顧客體驗，讓潛在顧客只和我們做生意。「工具和策略」在忠誠循環的各個階段都有一席之地，幫助我們讓顧客能順利通過購買週期的每個階段。當然，它們不是將顧客和潛在顧客從一個階段轉移到下一階段的主要工具。你需要讓顧客在整個過程中自由移動，而這些工具和策略可以對此增加一些效果。

「轉換」並不完全與銷售的說服策略有關，更多是為了解顧客如何購買，並允許他們按照自己的方式隨心所欲。這一章的其餘部分，會深入探討階段二的顧客體驗，我們將能更理解顧客此時的感受。更重要的是，這一章將為你提供工具，讓銷售人員和一線員工能無縫地幫助顧客通過這個階段，到達購買的轉換點。

創造體驗導向的銷售流程

讓我們繼續來看銷售過程。在第二階段，潛在顧客對你來說最重要的體驗是什麼？假設行銷已經完成了他們的工作，新的潛在顧客已經進來了。你的銷售員的電話響了，或者你網站上有一個新的潛在顧客名單。要經歷哪些關鍵階段、對話和阻礙，你才能讓顧客到達轉換點進入購買流程？怎樣才能減少阻礙，增加慾望，同時保持流動性？曾經有一段時間和階段，這些問題的回答可能是固定的，但時代已經改變了。現在的顧客做過更多研究，因此市場競爭變得更大，顧客的期望也更高。大多數公司的銷售過程還沒有完全適應這種新環境。幸好我能幫助你的公司加速改變。想像一下，一場百老匯演出的編舞，沒有剛才討論過的典型「既定模式」。每個階段都應該精心編排，如此一來，與顧客打交道的每個人都能成功，但他們仍要繼續與顧客建立信任，向顧客展現出我們對他們有興趣。這就是操作轉換和說服策略的區別，讓顧客在沒有推銷的情況下轉換到購物循環中。

想想先前的討論，包括從認知偏差到虛假記憶的形成，或透過預期記憶引發想像，我們還有什麼沒做的嗎？事實證明還有很多。在整個銷售過程從開始到結束的經驗累積，這個階段中的體驗將被記憶——它將基於銷售人員是如何自然吸引顧客，或是如何接聽電話（這是一個直截了當的標準），或者透過詢問正確的問題來衡量銷售人員可以帶來多少價值。顯然，還有很多其他因素。然而令人興奮的是，如果你正確把握住這個階段，就為長期成長奠定了基礎。這一階段將對你公司的許多關鍵業務有影響，例如收入增加、和忠誠的顧客建立深遠的商業關係，但前提是你要有明確的銷售流程。如果沒有明確的銷售流程，就無法實現這些結果，因為它涉及顧客體驗。**顧客忠誠不是在銷售完成後才開始，它早在銷售之前就已經開始了**。

傳統的銷售觀念已經被打破。今天的顧客有很多選擇，公司需要差異化來與競爭對手做區分。我們可以將銷售過程作為顧客體驗的最終部分來處理。就是把銷售過程看作是說服策略來克服急需的問題：價值與堅持。在這個階段，潛在顧客只想知道一件事：他們想知道你有把他們的最大利益考慮進去，以及你想做到滿足他們並改善他們的狀況。我們來討論一下這代表什麼，以及如何能做到這一點。

注意使用的語言

「你要加一份薯條嗎?」這是許多人聽過很多次的經典臺詞。這是麥當勞話術中的一部分,麥當勞的話術大幅度地增加了速食連鎖店的生意。我的導師兼企業教練艾倫・魏斯(Alan Weiss)博士常說:「語言就是一切。語言控制論述,論述控制關係,關係控制了銷售。」他解釋說,語言是公司經營中最重要但經常被忽視的事情之一。

在撰寫本節的時候,我在底特律機場準備去拜訪一位客戶。因為早到了幾個小時,有時間吃午飯,所以我決定去一間新開的「華館」餐廳吃午飯。「華館」是一個連鎖餐廳,我以前常在這間餐廳吃飯。但此次的到訪,在這個特別的地點,我注意到了一些以前沒有注意到的東西——餐廳裡的語言和話術令人難以置信。對每個坐在吧檯的客人,服務生都說了同樣的話:「嘿,最近好嗎?我叫珍妮絲,你叫什麼名字?」我回答了她,告訴她我的名字,然後每次她回來,她都會喊出我的名字打招呼。這似乎是件小事,我看到有將近六個顧客會立即介紹自己。我想也許只是珍妮絲自己這麼做,但後來我看到另一個服務生也以類似的方式介紹自己。這是他們話術的一部分，同時是顧客體驗中重要的一環。不是說我們必須像機器人一樣，小心遵循著完全相同的企業語言，但意圖是相同的。

迪士尼度假俱樂部的工作人員用「歡迎回來」的語言歡迎大家。每年我都會到南卡羅萊納州基窪島聖地飯店的茉莉軒餐廳，工作人員總會對我說：「歡迎回來，弗雷明先生。」這是話術的一部分、語言的一部分、顧客體驗的一部分。顧客體驗中的語言和目的就是一切。如果你有三個人用三種不同的方式解釋同一件事，最終也就不需要向人解釋了。

先不要在意細節，用你的顧客群的語言和行話是非常重要的。例如，星巴克創造出顧客能接受的詞彙，加拿大的蒂姆咖啡（Tim Hortons）接受了顧客為他們創造的詞彙。你的員工是否熟知公司的目標市場的語言、以及是否熟知能讓核心顧客有共鳴的語言呢？

我在《常青》一書中非常詳細地介紹了這一點，語言對整個顧客體驗來說是非常重要的，因為這能讓你以一種與顧客有共鳴的方式來和他們交談。

你公司的特性是什麼？你的一線工作人員能代表公司描繪出的形象嗎？與顧客交談時使用的實際語言，是否和網站、廣告或商務溝通時使用的相符？

我在寫第一本書時，得到的最大讚美之一是來自一家著名的商業書籍出版社，他們說讀我的書很像坐下來和我一起喝啤酒。我希望這本書有同樣效果，你寫的必須和說出口的一樣，你和顧客的溝通必須和你寫下來的一樣。

透過語言建立信任

階段二的目標是培養信任，減少銷售的摩擦和阻力，使忠誠循環的轉換過程不受強迫地發生。在這個階段中，語言就是一切，在該階段同等重要的還有：謹慎地閉嘴並傾聽，還有問對問題也很重要。大多數的網站經常都設有常見問題（FAQ），列出最常見問題的答案。不幸的是，很多公司沒有適當地訓練員工使用正確的語言來回答這些問題。這些初步討論的重點主要集中在：情況如果是完全相反的時候，公司能為潛在顧客做些什麼。第二階段最初的銷售應該是關於潛在顧客的。把重點放在潛在顧客，你就能做得很好。你不必把這看作是你與潛在顧客之間的一場戰鬥。

我曾經聽過一個關於珠寶和汽車業的銷售策略故事，銷售人員談話時總是用這樣的話語做開場，「在我們開始之前，不介意我先分享一下……」、「在我們開始之前……」。他們之所以採用這種說法來進行分享，是因為他們認定在典型的勸說模式和說服策略前有一個階段。銷售專家告訴我們，我們即將投入戰鬥，因此在「我們開始之前」要說點什麼，好讓我們以某種方式展開討論。然而這只是用來回避阻力的一種策略，不是完全消除阻力。唉，老派的銷售人員也有一套簡潔的語言技巧啊！

語言在整個顧客體驗中非常重要，在忠誠循環階段二中尤為重要。記住，潛在顧客不需要透過各種溝通策略與技巧來進入購買循環。相反，我們要做的是消除阻力，而語言是我們最重要的工具之一。設置FAQ的真正目的是什麼？答案是：用來消除阻力，並且在反對意見出現之前處理掉它們。

銷售人員應該定期和顧客交談，且應該要比服務人員和顧客交談的次數多，而服務人員和顧客交談的次數要比行銷人員多。假設每個人都定期與顧客交談，你就能開始看到，為了創造一次難忘的顧客體驗，這些練習是如何發揮相互作用的。

「驚喜，驚喜！」是一個小的訓練活動，這個活動是我在和一個十億美元的製造業客戶一起工作時開發的。目標很簡單：能更理解潛在顧客使用的語言和人們的反應。這不是指每個目標對象都要有完美的回應，但要確保整個體驗過程的連貫和一致性。

以下是這個訓練活動的原理。團隊每週打一次電話給顧客，接著，每個人都要分享過去一週從顧客或潛在顧客那邊聽到最令人驚訝和有趣的事情。每個人都會分享他們的反應，或者他們是否有做回應。有時分享的事情沒那麼有趣，有時對正確的反應有輕微的爭論。但通常情況下，會有「啊哈」的開心時刻和驚訝時刻，也會有對某一問題或關注點出現明顯不協調的典型反應。

行動步驟：驚喜！驚喜！

步驟一：花一點時間討論每一個問題，分享潛在顧客或客戶對你的回答的反應，然後簡短地討論有什麼更好的方式能讓人做出回應。

步驟二：請人收集和整理筆記。

步驟三：如果你不斷聽到同樣的事情一次又一次地出現，要把這些都納入忠誠循環的各個階段。例如，更新話術手冊，並定期分發給銷售人員和行銷人員。如果銷售過程中的阻力可以在行銷或搶占市場中解決，那麼將這種語言運用到企業語言中是有意義的。

你的顧客服務人員可以和銷售團隊分享有價值和有趣的事。如果不能確保你的顧客進入忠誠循環第三階段，顧客忠誠永遠不會存在。

反覆嘗試

所有銷售和行銷努力的主要弊端之一是：**人們沒有嘗試新的做事方式**。我與客戶的最大突破就是來自嘗試。我曾和一位製造業客戶工作過，他有兩個合夥人。我建議我們嘗試一下，其一個老闆認為這個主意很好，另一個則認為這是一件荒謬的事，浪費時間。他甚至不想討論這個問題，他說他們什麼都試過了，我的建議肯定是一個巨大的失敗。後來我說服了他們必須要嘗試這個想法。猜猜發生什麼事？該公司一年內的利潤成長了一倍（是的，是一倍）。這是非常了不起的。我唯一建議的一件事就是：我們嘗試新想法。

所有的銷售和市場行銷的基本原則就是不斷嘗試一切。在顧客忠誠循環的四階段中，是有很多事情需要嘗試和不斷改進的。在階段一，嘗試改進你的行銷工作，例如，測試搶占市場的變數。在階段二，嘗試改進你的銷售工作，例如，如果你通常都是儘快回應顧客的詢價，可以考慮放緩過程。如果你經常派業務代表去探訪顧客，那麼讓顧客來找你。如果你常常在有了新的潛在顧客後才把資料寄給顧客，可以考慮一下馬上快遞一套推薦書和案例研究給他們。你要把任何有附加價值的訊息全都考慮進來，這些訊息能幫助你在顧客心中建立卓越的地位，成為他們唯一的需求來源。

如果你經常透過電子郵件將建議寄發給顧客，現在嘗試把建議列印出來快遞給顧客看。要總是嘗試新事物。嘗試一切，經常嘗試。

想在階段三為顧客呈現出非凡的體驗時刻嗎？不要只是花一大筆錢卻不了解這樣做對顧客有什麼影響。取而代之的是，嘗試一些新的、激進的、與眾不同的東西，看看你的顧客會說什麼。

想在階段四執行新的跟進服務流程獲取嶄新和頻繁的機會嗎？嘗試在不同時間階段進行跟進服務並測試反應。嘗試合適的理由和恰當的時間。找出何時是進行評論、推薦或另一個銷售的最好時間。

重點是：正如我們測試對廣告的反應一樣，我們應該在整個循環中嘗試變化業務流程，並不斷尋找改進顧客體驗的方法，使之更有意義、更值得紀念和更有價值。

案例學習

伊斯特伍德吉他（Eastwood Guitars）公司是我的客戶。吉他產業長期以來一直依賴於一個模式：製造商製造吉他，樂器店出售吉他。然而，伊斯特伍德是獨一無二的，因為它直接將吉他賣給消費者。長期以來，小型的獨立樂器商店反對製造商直接銷售產品給消費者，但潮流發生了變化。現在世界上一些最大的吉他品牌正直接對消費者進行銷售。

伊斯特伍德多年來致力於在零售店賣出吉他後，藉由卓越的顧客服務來培養和發展自己的顧客群。它的大部分努力主要是在出售後，持續向粉絲們提供有用和有價值的訊息，並繼續與顧客建立關係。它想嘗試和業界規範不同的新東西。我們來看一下它的商業模式和顧客購買行為。很多人會從伊斯特伍德購買多把吉他，但有時吉他做出來後卻銷售不佳，所以我們決定在行業內採用群眾募資（Crowdfunding）方式來改變模式。

借鑑兩大群眾募資公司 Kickstarter 和 Indiegogo，我們建立了客服網站 Eastwood Customs.com。如此一來，就可以在製造產品之前先評估產品的需求。這個網站獲得了極大的成功。像流行樂團「退化樂隊」（Devo）與伊斯特伍德合作開發一款怪誕、獨特的訂製吉他。訂製的第一次重大成就之一是La Baye 2×4 DEVO吉他，它是一把聽起來聲音完全一樣、用2×4木材做成的吉他。在伊斯特伍德轉型到訂製商店之前，CEO麥克・羅賓森說，他已經製造出幾十把吉他，然後努力推銷。伊斯特伍德訂製前預售就已超過二百五十把。伊斯特伍德不僅賣出更多的吉他，而且在製作吉他之前，顧客就已經付錢了。這正是我一直在談論的事情。永遠要改善顧客體驗，並一直在尋找改變其體驗的方法。你永遠不知道你會學到什麼。

行動步驟：測試你的顧客體驗

步驟一：列出你所有標準的商業運作程序，並想出新的方法。嘗試後再試一次。

步驟二：對業界規範也這樣做。把所有被認為是「我們業界裡的事情」都列出來，我無法告訴你我聽過多少了。好吧，你在看這本書之前，可能有聽過「破壞」這個詞。這是一個時髦的詞，只是我受不這個詞，但是你看看每一個破壞式經營，他們已經從默默無聞到成為產業中無處不在的主導力量，成功的祕訣幾乎總是相同的。他們採取並顛覆一切業界規範。列出一份十到二十項具體的產業規範清單，然後進行腦力激盪，思考如何能用不同的方式做。

建立信任和消除阻力

過去幾年來，人們一直在談論消費環境的變化。隨著這些新的變化，已經有許多新的銷售方法，從顧問式銷售方法到挑戰潛在顧客，藉此來顯示你的專業度。這些方法中有許多是新穎的，並且是在正確的軌道上，但關鍵是要記住，銷售不再是一種戰術和說服手段。相反，它是雙向交談，是整個顧客體驗的一部分。

如果你回想一下顧客忠誠循環的階段一和階段二，在這個時候，我們唯一的工作就是持續建立「預期的體驗」，繼續建立在期望上，讓顧客準備體驗你的產品和服務。我的導師兼企業教練艾倫．魏斯博士經常說，諮詢業務就是關係經營。他是對的。在當今變化的消費環境中，各種產業的不同類型公司，不得不把銷售作為一種建立關係的方式。但仔細想想，每一種生意都是一個關係經營。

說到影響力和說服力，大多數人有充分的理由會想到備受尊敬的羅伯特・席爾迪尼博士。我曾與席爾迪尼博士一起共進晚餐了幾天。他的確是光芒四射的人。毫無疑問，他的工作塑造了這個領域。但有一個人，他和席爾迪尼博士一樣被認同且十分重要，但往往被熱愛席爾迪尼博士的人們給忽視，他就是艾瑞克・諾爾斯（Erik Knowles）。諾爾斯博士是阿肯色大學心理學教授，是世界知名的抗拒和說服力專家。在我看來，諾爾斯最出名的是他從新的角度來看待說服力，其中包括對阿爾法說服法（Alpha Persuasion）提出新看法。[4]

這些傳統的勸說技術，試圖藉由更詳盡地解釋某事的特性和好處來創造行為。但更令人信服的是諾爾斯博士的歐米茄策略（Omega strategies）。歐米茄策略主要在於找出人們對特定提議的抗拒，並消除這種阻力。歐米茄策略是打開通往忠誠循環第二階段大門的鑰匙。

和席爾迪尼一樣，記住這一點很重要：工具手段不能當成這一階段的策略。了解席爾迪尼和諾爾斯兩人的研究，可以容易識別出在銷售過程中的不完美之處，並可以很容易地讓銷售體驗更自然，更舒適，更有利於日後的業務推展。為了能更理解，我們來仔細看看艾瑞克．諾爾斯的研究，從而知道在這個階段中，顧客如何記憶感覺和情感經歷。

消除顧客阻力

諾爾斯博士對於說服的基本前提很簡單。有兩種說服方式，第一種方法是運用說服的策略來增加你對某事的慾望。想一想席爾迪尼的影響法則，其中之一就是稀缺原則，稀缺意味著有些東西供應有限，你最好快點，否則可能會錯過。在前面關於各種認知偏差的討論中提過一些這樣的例子，公司用這些認知偏差來促使人們進行購買。「手腳最好快一點！只有六個空位了！」、「我們幾乎要賣完了！」這些都是阿爾法策略（Alpha strategies）。

第二種類型的說服是歐米茄策略，目標是要讓顧客無縫地通過銷售流程來減少購買的阻力。什麼是阻力？它可以是不同的形式，但從根本上講，它是對想法或建議表現出反對。這很常見，尤其當你試圖讓人們以一種特定的方式行動，無論是購買你的商品，還是為了他們的利益而改變行為等。也就是說，當你試圖改變或影響人們的行為時，阻力是很常見的。

米爾頓・艾瑞克森（Milton H.Erickson）是二十世紀下半葉著名的心理學家，他最為人熟知的是，能克服及規避讓人們不得不改變的阻力。隨著心理治療的發展，你不會僅僅因為你是治療師，就試圖給人們一個邏輯上的理由來改變他們，並期望他們按照你的指示去做，艾瑞克森是此觀點的主要支持者。艾瑞克森發現，如果你正面對付人們，他們的防禦就會上升，你影響他們的機會就會減少。他意識到你必須善用人們給你的東西，設法讓他們擁有訊息而不是抵制訊息。這需要微妙的溝通技巧，而艾瑞克森就很擅長這些技巧。他認為，**任何新的敘述如果和人們已有的觀點及故事相一致的話，成功的可能性就大得多**。

心理諮商師傑・海利（Jay Haley）的著作《不尋常的治療：催眠大師米爾頓・艾瑞克森的策略療法》（*Uncommon Therapy：The Psychiatric Techniques of Milton H.Erickson*）[5]，書中提到很多艾瑞克森的智慧。有個二十多歲的女人來找艾瑞克森諮詢一個重要問題。這個女人性冷淡，她的性觀念導致自己極大的焦慮。艾瑞克森發現當事人的母親告訴她，性是邪惡、骯髒、被禁止的。不幸的是，當她還是個孩子時，母親就去世了。她現在仍然珍惜關於母親的記憶，這意味著堅持母親所灌輸的原則。

在這種情況下，第一個傾向是解釋患者的母親顯然有問題，而且對患者的生活和個人發展的關鍵部分給了非常不恰當的訊息。然而，艾瑞克森知道這樣說不會奏效，因為這種訊息與患者對自己母親的正面看法不一致。她不太可能接受這樣的敘述，即使任何客觀的人都能看出這樣的解釋是事實。記住，我們在處理心靈問題時，情感比事實更重要。艾瑞克森知道他必須建構一個和患者在近乎完美的光線中看到的母親相一致的敘述。他怎麼做的呢？

「妳媽媽是對的！」他說：「當妳十二歲的時候，性是邪惡、骯髒、被禁止的。不幸的是，妳母親活的時間不夠長，無法提供妳在十五歲時關於性的訊息和二十歲時關於性的訊息，以及在二十五歲的。」艾瑞克森接著解釋說，他確信患者那聰明的母親會在女兒成熟時改變訊息。你可以想像艾瑞克森解釋不同的訊息是什麼，並得出結論：她的母親肯定會告訴她，當她到達目前的年齡，母親會鼓勵她有一個健康的性生活。顯然，當事人能夠接受這一訊息，並開始對性產生更健康的態度。

艾瑞克森能做的就是避開阻力，提供新訊息，如此一來，人們不僅能夠擁有訊息，而且還會相信訊息。他是歐米茄策略的大師。但是目前大多數公司的銷售人員和大多數銷售培訓都集中在阿爾法說服策略上，而不是採用歐米茄策略來消除摩擦阻力。例如，有市場行銷和銷售人員認為這像是一個滑道。他們認為：「我的工作是使用我擁有的各種銷售說服技巧，為顧客創造無縫銷售的體驗，這就像是在一個滑道上，顧客一路滑下來，最終從底部出來，把信用卡扔在我腳下。」雖然無縫是關鍵，但不是這樣的無縫。使用這類銷售方法的公司往往在開始銷售後發現，想留住這些顧客有困難。為什麼？嗯，很簡單。你沒有減少對銷售的摩擦或阻力，你只是繞過它，如果你想要一次銷售，這種方法還行，但如果你想多次銷售，並大幅增加收入，這個辦法就不奏效。

大多數公司都會告訴你，他們不做這樣的事，他們覺得這樣做應該受到譴責，而且他們的專業銷售人員的水準遠遠高於此。他們會告訴你，他們非常重視建立「價值」，並給予顧客越來越多的價值。但這些公司都有銷售補償結構，能保證他們所得到的收益。我的導師艾倫．魏斯經常提到在組織中有兩種信念體系——在行動中表達觀點和信念。表達信念是你告訴別人你相信什麼，你在任務中說了什麼，你的公關人員要告訴世界什麼。用行動表達信念就是你每天如何做。魏斯經常講一個故事：副總裁站在掛有公司使命宣言不到兩英呎之處，對一個犯了很小違規行為的員工吼叫，而公司使命宣言中承諾尊重所有員工。這種行為和承諾的脫節，在很多部門中是非常常見的，而在銷售部門的破壞性更大。

雖然公司經常說希望各部門之間能完全合作，並想創造長期的價值，以及使顧客滿意，但現實的情況是，銷售部門往往是根據他們的「狩獵」能力進行獎勵，這種能力就是完成一筆新交易，滿足業績，獲得更多的新客戶。我們常常會有這樣的刻板印象：銷售人員拿到一筆新交易後因成功而大受歡迎，很多人可能看過這樣的場景，不過，你是否看過當顧客離去時有人發出擔憂的警報嗎？我想應該並不常見。事實上，大多數公司甚至沒有聽到這種警報。他們的耳朵受過訓練，只聽得到慶祝交易的喝采聲。

更重要的是，當一個新顧客不再回來時，你的獎金被撤銷的機率是多少呢？如果薪酬結構是以獲取新顧客為前提，那麼你已經毫不含糊地告訴你的團隊，獲取新顧客是業務中最重要的事情。這很可悲，但卻是真實的。我們還是得繼續專注在整個顧客體驗過程中，減少購買的摩擦和阻力。

當顧客從忠誠循環階段一進入到階段二時，他們仍然沒有完全相信你。當然他們很感興趣，但他們並沒有完全接受銷售或往前邁一步。正如前面提到的，階段二是繼續建立信任和消除阻力。諾爾斯博士對於影響力和說服力的觀點，或許比如今席爾迪尼的觀點更強有力，因為不僅僅要在銷售中消除阻力，也要在銷售後做到。

我們來看看，在擁有強大說服技巧的銷售人員千篇一律的遊說之下，已經來到銷售階段的顧客，他們在購買後的第一個感受是什麼？他們幾乎總是感到懊悔。在我與客戶一同工作時，由於他們會保留問題，所以我們只好反應式地工作，這些保留問題源於對購買期望的差距，以及錯誤使用說服技巧。

在減少阻力和摩擦的早期，我們消除掉幾乎所有買方經常會有的後悔。當你沒有意識到第二階段會發生什麼就推動顧客時，你可能會錯失許多重要步驟，而這些步驟日後會導致更多問題。顧客確信自己做出了正確的選擇，公司也不再處理那些眾所周知的問題：「我們的顧客為什麼離開我們？我們能做些什麼呢？」

顧客不會把所有時間都花在思考是否要為我們公司打開錢包。使用說服技巧的問題在於，雖然我們可能將顧客轉進到忠誠循環第三階段，創造行動或預期的轉換，但我們沒有消除所有的不情願、猶豫不決和即將到來的悔恨。如果在這個階段不仔細考慮這些的話，想吸引終身的顧客，甚至是快樂的、愉快的、瘋狂著迷的顧客，幾乎是不可能。

阻力的三種類型

諾爾斯博士認為有三種阻力類型。第一種是**抗拒**。抗拒是抵抗說服過程本身。人不是笨蛋，他們知道什麼時候被銷售和推銷，他們就會抵制它。他們本能地說：「看吧，我明白你在這裡想做什麼，我不喜歡！請不要打擾我。」

想想今天這個數位世界，這可能會是導致顧客抗拒的單一巨大驅動因素嗎？想想上一次你踏入新的汽車銷售店時，你從外面看到推銷員，他像一隻老鷹在跟蹤獵物般地靠近你，他開始向你走來。沒有推銷員的家具店可能會為此感到內疚。你走進來，你被一個飢餓且希望在下次薪水中得到佣金的銷售員盯住了。

我們都能感受到這種對銷售體驗的抵制，我們會對此做出反應。今天它只會更加被放大，如果你想增加顧客的忠誠度，你需要意識到這點。相比之下，伊隆・馬斯克和他的特斯拉，開發出不需要銷售員的方式：線上挑選汽車然後按鈕結帳；在購買過程中去除幾乎所有可能產生的摩擦。當談論顧客體驗科學時，這就是我說的內容。你的銷售產生了多少阻力？你的銷售過程是建立在說服顧客行動的策略上，還是你早就開始進行消除購買阻力？

第二種阻力是**懷疑**。我們都會對報價感到懷疑。你一定聽過這樣一句話：「如果它看起來好得不真實，它可能是真的。」聰明的行銷會利用影響力技巧來超越懷疑論的阻力，但如果是這樣的話，你永遠都無法創造出一個長期的忠誠顧客。因為他們可以感覺得到。在他們的靈魂深處，懷疑的感覺總是揮之不去。懷疑論並不總是騙人的，有時它只是一種感覺，「你知道，這個產品看起來不錯，但我不確定這是最適合我的。」再次強調，在顧客忠誠循環階段二，有處理懷疑的極好機會，只要了解這種阻力確實存在，並且在建立顧客體驗和銷售過程時，確保你總是售前而不是在售後處理這個阻力。

第三種阻力是**慣性**。諾爾斯認為這種阻力不是由說服者引起的，而是由潛在顧客自己引起。諾爾斯說，銷售人員對此感到失望，因為這讓他們感覺潛在顧客是不禮貌、反應遲鈍的。在這種情況下，造成阻力的其他原因很可能是他們堅持的理由。例如，銷售人員打電話的次數太多、跟進太頻繁等，這讓銷售人員開始很絕望。在我的職業生涯中，我犯過很多次類似的錯誤。我沒有去處理抗拒或懷疑，因為這樣讓我失去了生意。或是，我還沒有處理它就把顧客轉移到下一個階段，結果之後還是要處理這些阻力。在慣性的情況下，往往是被說服的人不願意改變。早期評估這一點很重要。別誤解我的意思。時間就是金錢，如果人們不打算採取行動或沒有創造機會的計畫，我們就不可能永遠堅持下去。即便如此，當潛在顧客準備好的時候，也有一個極好的機會來創造令人難忘的體驗，告訴潛在顧客我們是最重要的。記住，現在做的全是經營關係。

那麼有個重要的問題：如果顧客從忠誠循環階段一進入階段二時感覺到阻力，我們可以做哪些有效的事情來達到無強迫的階段轉換？我們已經知道建立信任的重要性，但對付阻力的另一種方法，就是先承認它。在過去的幾年裡，有很多的銷售和市場行銷專家都在使用「真實性」和「透明度」這些流行語，卻沒有真正地告訴我們：他們在說這些詞的時候是什麼意思。我認為他們想說的是，人們變得越來越不受勸說技巧的影響，這些詞的意思代表了一種方法：藉由簡單地講真話來克服阻力。

消除阻力是忠誠循環階段二的關鍵。不要問自己怎樣做才能更好、更有策略地說服和轉換，要問的是：如何才能夠在這一階段更好地為顧客提供價值。要是你強調與顧客建立長期關係的重要性，重新定義循環階段轉換的重要性，會怎樣？

說一個小小的題外話，這裡提到的「技巧」，你可以馬上開始在階段二使用。許多公司在顧客忠誠循環階段轉換時會問：「你怎麼知道我們的？」他們問這個問題的原因很簡單。他們想收集市場資料，這是相當簡單的行銷入門。如果有十個人告訴你，他們從一個朋友那裡聽到你的事情，九十個人說他們在臉書上發現了你，那麼要在哪裡投入額外行銷資金就相當重要了。你可以利用這種策略繼續建立長期關係，但你不僅要考慮長期關係，還要想到選擇你的顧客。

與其問：「你怎麼知道我們的？」不如改成：「如果我們問是誰介紹你來的，你介意嗎？」如果他們給你某個人的名字，你會說：「太好了！非常感謝你讓我們知道。我們一定要感謝他。」但是如果他們說：「沒有誰介紹，我是在臉書看到你們的廣告。」這就給了你一個能稍微重新定義的機會。你可以回答：「哦，那很奇怪，因為我們九〇%的生意都來自口碑。」這樣做是在為將來的顧客推薦埋下種子（期待他們也會和大家一樣）。更重要的是，這同時暗示著顧客一定會對你的產品和服務滿意，所以他們與你的公司建立長期關係是正常的，你期望他們因為極度開心，而會經常告訴別人關於你公司的事情。

保證心理學

之後再談關於保證和我們都很熟悉的「三十天無風險」，重要的是，要注意為什麼這些在階段二的轉換過程中對消除阻力和摩擦特別有效，你要如何讓它們在你的經營中更具吸引力。在過去的幾年裡，在交易時有許多不同類型的保證，從退款保證到無風險擔保，到滿意保證，到最低價的保證等。我們看到因使用極端的保證而得到巨大成功的實例。例如，美國賣鞋的B2C網站Zappos，他們最出名的是三百六十五天退貨政策；身分盜竊防禦軟體商LifeLock提供一百萬美元來擔保取回顧客被盜用的個資。然而，當美國聯邦貿易委員會（FTC）認定這具有欺騙性時，這一保證就被粉碎了。LifeLock被FTC起訴一億美元，最後FTC獲勝。儘管如此，不要讓這嚇跑你。當正確使用「保證」時，它會是忠誠循環第二階段中一個特別強大的工具，我將示範如何正確使用它。

對任何的交易，我們只有幾個簡單的問題需要回答。你可以在說出「我們無法在交易中做出保證」之前再想想。我可以提出一個案例，說明我們能在任何類型的交易中做出保證和風險逆轉。要建立有效的保證，首先需要找出顧客不購買的所有可能理由，然後依此建立能減輕顧客擔憂的保證。風險逆轉和保證的目標，是讓潛在顧客在他們的決策過程中得到一〇〇%的把握和信心。

保證為什麼有用？

道理真的很簡單：你幾乎承擔了顧客肩上所有的風險。每當潛在顧客面臨一個購買決定時，他們的大腦幾乎立刻開始抗拒。在我的實際諮詢中，對於極好的投資報酬率，我收取高額服務費用。我同時提供有力的保證：如果我們沒有達到雙方商定的目標，我會繼續工作直到我們完成；如果我們仍然無法達到目標，我將全額退還全部費用。順便一提，如果你現在正在讀這本書，想看看我能幫你做些什麼，這就是一個相當好的保證！若你現在把書放下，打電話或寄電子郵件給我，就有點魯莽了。

保證，消除了潛在顧客肩膀上的所有風險，而把所有風險都放在自己身上。領導大師馬歇爾．葛史密斯（Marshall Goldsmith）是世界上最知名的CEO教練。一個教練專案的費用超過二十五萬美元，但馬歇爾允許客戶在專案結束時支付，而且是只有在客戶發生了積極變化時才支付。然後呢？被輔導的客戶不能決定是否發生了積極的變化，但他們的主要利益相關者可以。這些人可能是配偶、同事或其他人。馬歇爾對他的方法很有信心，而我對自己的方法也很有信心。你對你的方法有多少信心呢？

做出保證有用是因為這代表你對你的產品、服務，以及它們的表現和品質能取悅顧客非常有自信。這並不複雜，如果你也消除了投資風險，它會讓你的潛在顧客輕鬆很多。

例如，美國Lands' End郵購公司的保證書如下：

保證期®

Lands' End的保證一直是無條件的。上面寫道：「如果你對任何產品不滿意，隨時都能把它退還給我們，我們保證換貨或以購買價格退錢。」我們是認真的。無論什麼貨品，無論何時，永遠都可以。但為了確保這一點完全清楚，我們決定進一步簡化內容為：保證期®。

這不只是一個退貨政策。這是五十多年來我們一直遵守的承諾——是我們每一個產品和提供的每一項服務的後盾。

這就是我要說的！這裡的關鍵目標很簡單。藉由消除交易風險，你降低了阻力，使潛在顧客更容易說「YES」，但這不意味著你可以用風險反轉或保證來代替非凡的顧客體驗。創造價值不只是在於「付出更多」，而是透過降低阻力和減少顧客的後悔來創造價值。我保證。

行動步驟：滿意保證

你們提供什麼樣的保證？你如何才能消除顧客的風險？什麼是你的顧客抗拒的主要原因？你從顧客那裡聽到最多的反對意見是什麼？

步驟一：你可以問問自己，顧客從你這裡買的東西有什麼風險？有時候，問你的顧客他們的感受更容易些。例如，他們擔心自己不喜歡這個產品嗎？如果他們有價格上的擔憂，問問為什麼如此？會不會有競爭對手以更好的價格提供類似的產品？如果是的話，你可能需要問你能做什麼來區分自己和競爭對手。你的顧客害怕什麼？顧客擔心產品會破碎嗎？他們擔心自己可能不喜歡這個產品或改變主意嗎？這將幫助你確定你的公司應該提供什麼類型的保證。列出潛在顧客的每一個異議、擔憂和關注點。準備好回答他們的問題，然後用你的保證來支持他們。

步驟二：連同你做出的保證，問自己以下問題：我們如何才能減少顧客的擔憂和異議呢？記住，在銷售前能做得越多，就越不用擔心銷售後的問題。許多公司需要做出保證的原因是：他們沒有做好前期的繁重工作。我傾向提出的保證不僅能降低風險，還可以鞏固市場的主導地位和產品的優勢：「我們深信這將是你睡過最好的床墊，繼續用它睡上一百天。如果這樣你還不相信，沒問題。只要打電話給我們，你就能完全無條件的退款。」這就是我要說的。

步驟三：建立你的保證。我相信，對於你賣的東西如果你不能完全保證，你就不應該先賣它。想像一下，如果每個人都能做到實現自己在銷售和行銷上的承諾，並以他們的保證為主，我們將可以生活在一個美好的世界裡。用強烈的情感語言創造有力的保證。例如，「我們所有的吉他都有三天的退貨政策。」這樣說很容易，但相當平淡無趣。「開始吧！把吉他插上你自己的音箱，用你的踏板，和你一起上路吧。我們知道在網路上買吉他並不容易。它看起來不錯，但這與使用它有很大的不同。在接下來的一百天裡試試吧。如果在這一百天結束時，你還沒有完全相信自己已經做出極佳的投資，那就把它還給我們吧。我們會付運費，或是寄另一把吉他給你，或者全額退款。」哪種保證對你來說更有價值？讓你的保證大膽且激情！擔保不是對政策和顧客滿意度的陳述，而是一個深入挖掘潛在顧客情感狀態的時刻。

步驟四：現在，藉由減少更大的風險來改善你的保證。讓顧客幾乎毫不費力地利用你的擔保。太多的公司提供保證，然後用精美的印刷品填滿它們，基本上這讓最初的保證無效。這沒什麼好大驚小怪的。了解顧客為什麼不高興，或了解他們為何要求保證，然後給予他們保證。前面提到，我保證我願意全額退還諮詢服務的全部費用。我還提到我和客戶將能達成雙方商定的目標。我的整個生意都依賴於我與客戶的關係。我們對期望的結果有明確的討論，並達成一致的目標。這不是一個空洞的問題，更重要的是我提前做好盡職的調查。但最後，如果客戶還是不滿意，我就退還他們的錢。在我十二年的職業生涯中，我從來沒有被要求退款。如果你提供退款保證，那麼就要在收到請求的當天退錢，不要給顧客設置大量需要跨越的障礙。如果顧客已經不高興，你這樣做只會在事後製造更多的敵意。

步驟五：想要有成功的保證嗎？最有效的方法是：看看所在產業裡的每一個主要競爭對手，據此創造出產業中最強大的保證。這樣你就能贏過大家。這樣你就讓它變得輕而易舉。這就是Zappos如何主宰了製鞋業，就是沃爾瑪主宰了零售業最低價格的原因，就是達美樂如何主宰了披薩產業，也是Lands' End如何用我最喜愛的各種保證成為業界主宰。

改變關係的動態

從銷售說服轉變為互相合作，可以消除銷售過程中的阻力。在過去幾年裡，出現了很多對於協商或挑戰性銷售法的討論。和顧客藉由夥伴關係來完成銷售，而不是把銷售當成是角逐比賽。在一線的工作人員需要成為值得信賴的建言者、顧問和指導。你的目標是引導顧客達到他們期望的結果，從而改善顧客的狀況。

有一個值得思考的方法來想想今天的顧客和市場。顧客已經有更好的「雷達」來偵測到銷售技巧。他們聞到了味道，於是拒絕它。但是，如果你以真正的意圖——渴望建立長期關係——來對待每一段關係，並且表明你對顧客們的利益感興趣，他們也有一個雷達可以探測到。許多銷售人員因為不正確的銷售技巧而得到不好的評價，但這種結果是理所當然的。

假設你已經成功消除所有阻力（別擔心，在本書的第三部分，會提供具體的工具來建立銷售過程中的體驗和使用的實際語言），現在潛在顧客已經轉換成正式顧客，我們將進入忠誠循環的第三階段，這個階段將交付產品或服務。

當銷售和行銷同時發生時，你需要以最吸引人的方式來展示產品，並建立與顧客的關係。大腦二元性再次顯露其本質：讓我們相信，展示產品和建立關係是兩種不同的活動。理想情況下，它們不是。當你展示產品時，是在一個與顧客持續互動的環境中進行。當你建立關係時，顧客通常會意識到這是一種銷售互動。這裡提醒一下，大家想一想群眾募資。

任何了解群眾募資平臺的人都知道，在一般情況下，不管是什麼，你不能只是放上一段產品的影片就期望人們捐錢集資給你。你首先要做的是在群眾募資活動中贏得粉絲。在群眾募資平臺上，你可以用某種方式展示你的產品來增加粉絲。一旦有人成為粉絲，他就更有可能把手放進口袋（掏出錢）。所以，幾乎在每一筆商業交易中，展示商品和發展關係之間存在著微妙的平衡，這就是顧客忠誠循環的全部內容。

推薦心理

記住這本書多次重複的句子：邏輯使人思考，而情緒讓他們購買。**顧客憑感情買東西，但用邏輯證明自己的決定是正確的**。在忠誠循環階段一和階段二，我們深入挖掘顧客的情感。「推薦」是最有力的工具之一，用來證明你有能力為顧客提供價值。你在銷售和行銷工作中說出推薦是一回事，但是你的顧客為你說出來又是另一回事。

在這個簡短的段落裡，我們將研究如何獲得和建立強烈推薦，它應該包括什麼，以及在哪裡使用它。在顧客忠誠循環初期你表現出越多的信賴，當潛在顧客進入第三階段時，你將能更容易消除他們的購買阻力。正如在第四階段會提到的，獲得稱讚是這個階段的一部分，現在我將告訴你如何獲得。更重要的是，我會告訴你如何建立一套系統，有條理地收集推薦，並用在銷售和行銷上。我在自己的經驗中發現，具體的推薦和大量的收入之間，確實有直接關係。讓我們簡要地討論一下為什麼推薦有用。

為什麼推薦有用？

寫第一本書的時候，我意識到我的事業進入一個新的階段。首先，我的事業做得很好，但過去幾年，在基本的客戶以外，為了吸引更多生意，我現在正為那些從未聽說過我的人而忙碌。當你寫一本書的時候，出版商會要求你有一個推薦，這種推薦很像獎狀。畢竟如果某個人願意擔保，或者說這本書值得一讀，那一定是值得看的。於是我決定從商業界中找出最有影響力的人，來尋求他的支持，那個人就是賽斯．高汀（Seth Godin）。

我和賽斯以前曾在活動中見過幾次面，只是這次的見面超越了基本的寒暄。我把手稿附在電子郵件上寄送給賽斯。不到一個小時，我得到了他的回覆。他解釋說，正如我所想像的，他收到一大堆書稿，將在接下來的幾週裡簡單地看一看。但是不到二十四小時，我開車的時候看到手機上有一個通知，是賽斯的回覆，我停下來看了一下。他不僅讀了我的書，而且還不同意我的一些觀點，他為不同意的部分寫下了很清楚的理由。然後，他解釋他同意的觀點，並在電子郵件的結尾處表示推薦。

獲得推薦是非常重要的。當推薦來自有影響力的公司或人的時候就更為重要。在所有的行業中，推薦幾乎是影響最大、成本最低的業務成長工具之一。我記得有一次，我和一位顧問交談，她和我講了她與Apple磋商的精采故事。這個故事的內容是她與該公司合作並發生在會議室中。我問她是否得到他們的推薦，她說有。然後我瀏覽了她的網站，發現沒有Apple的標誌，既沒有提到她在Apple的工作，也沒有任何證明。你覺得這個小訊息可能會減輕潛在顧客在忠誠循環初期的阻力嗎？當然會。我問她為何不在網站上放訊息，她說這感覺好像有點沾沾自喜。她擔心人們可能不相信她。像她這麼做是沒有意義的。當我寄信給賽斯．高汀時，我認為最糟糕的事情是他會說不，但他同意了。想一想在你的生意或業界中誰是典範，而且可以為你提供極好的推薦或認同？

行動步驟：徵求極好的推薦

擁有極好的推薦的目的，是要在忠誠循環第二階段中減少摩擦，鞏固潛在顧客的決定。關於好的推薦，你一定要知道的是：

- 推薦的內容要列出推薦人與你做生意前、後的情況。
- 應該要陳述一個故事。
- 應該使用具體的例子。你不會想讓顧客說：「體驗很棒，我們省了很多錢。」你寧願他們說：「我們和你一起工作的經歷真的是太好了。事實上，在與你共事的前六個月，你的推薦為我們節省下十二萬七千四百五十美元！」順道一提，這是我的一個客戶對我的真實評論。

你需要多少推薦？

你應該定期徵求推薦，這樣才能保證擁有最新的推薦。如果是二〇一六年，我希望你重整網站上的訊息，我最不想看到的是，當美國線上（AOL）用撥號上網CD塞爆每個人的電子信箱時，所有的推薦都是二〇〇四年的。我完全贊成品質勝於數量，但這應該是追蹤售後的一部分，要求顧客對你的工作、以及他們與你的體驗進行介紹、評論或具體的反饋。

在哪裡使用推薦？

你應該處處使用推薦。沒有什麼不能使用的地方，因為推薦在忠誠循環的每個階段都有影響。在階段一，推薦能引起更多的關注；在階段二，推薦使你的銷售過程更加可信；在階段三，推薦幫助鞏固潛在顧客的決定，使他們更有可能享受體驗；在階段四，如果顧客看到很多其他人的推薦，他們有可能也會給你一個推薦。

在你的網站上使用這些推薦；在你與顧客溝通中使用推薦，例如報價和意見；在你的小冊子和廣告中使用，把推薦放在定期寄給顧客的資料裡。你要明白一件事：不要寄任何東西，除非有推薦。推薦心理真的很簡單。潛在顧客對銷售是懷疑的、看不慣的、抗拒的，而推薦打破了這些高牆。我發現沒有哪個偉大的公司（Apple、Zappos、亞馬遜、奇異等）不使用推薦的，但我很容易就找到五十多個小公司的網站上沒有使用推薦。

我曾經聽一位行銷人員說，十個卓越的推薦將勝過一百年的商業史。對此我深信不疑。

獲得推薦，使用推薦。

Chapter 05 階段三：重視顧客體驗

誰是飯店裡最重要的人？如果你猜是門衛（doorman），那就對了。門衛是飯店裡最重要的接觸點，因為他幾乎是顧客進飯店時看到的第一個人，也是離開飯店時看到的最後一個人。最近我經常提到，公司裡的每個人都是門衛，因為每個人都會影響顧客對公司的第一印象和最後印象。

想要知道這一點與公司的每一筆生意有怎樣的關聯，答案其實很簡單。第一印象比以往任何時候都重要。我們假設，在這個階段潛在顧客已經正式成為顧客，他們已經有很多時間和機會與你的公司接觸，但此時，他們的重要性已經有了變化。當然其他的第一印象和體驗時刻也很重要。在這個階段，顧客受之前印象和體驗的影響已經完成此次購買，現在他期望你兌現在之前階段所做出的承諾。這一點後續會有討論，但首先我們要討論，顧客服務如何在忠誠循環的每個階段發揮作用，以及為何在忠誠循環階段三中更為重要。

每家公司都說他們把顧客放在第一位。你的每一個競爭對手也都聲稱提供「卓越的顧客服務」，每家公司都如此。找找看有沒有一家沒說他們提供卓越顧客服務的公司，那一定是騙人的，說是騙人的是因為幾乎找不到。公司說的和做的很少是一致的，如果是的話，我們就不需要像評論網站Yelp、旅遊網站貓途鷹（TripAdvisor）或

Google評論（Google Reviews）這些網站了。

大多數評論網站的存在，只是為了讓某些人發洩他們的不滿，因為公司並沒有給顧客提供公司承諾的或顧客期望的東西。那麼評論是否總是有用呢？當然不是。有的投訴有用，有的投訴則沒什麼作用。像美國評論網站Yelp和其他一些網站，已經發展成為那些有共同興趣的美食家組成的迷你社群，還有許多喜歡分享體驗的人組成的群組，他們在這些網站上分享好的、壞的或其他的體驗。似乎負面的評論總是多過正面的評論。但是，我們聽到的一些可怕的評論，和幾乎讓人難以置信的客服故事，的確都是有用的。

我與客戶的工作幾乎八成都圍繞在「期望落差」的這個概念——是指「賣給顧客的產品或服務，和他們實際收到的產品或服務」之間的差距。如果這個差距可以修復的話，產品利潤和顧客終生價值就會顯著增加。有時候，差距是由於過度銷售和行銷而產生，有時則是因為公司的行為無法達到管理層的願景與期望。當我在演講中和觀眾互動時，經常分享一個銀行的故事來說明期望落差，以下用簡單的方法來理解：

CEO認為，銀行扮演著為顧客提供解決方案，並成為顧客金融服務夥伴的

角色。執行團隊的其他人也同意此觀點，CMO（首席行銷官）則是要確保行銷訊息與之相符。

然而，顧客認為，在他等待按時支付貸款和電費帳單的時候，銀行只是個存放資金的地方。

最後，銀行出納員認為自己的工作就是微笑，並保證盡最大努力讓顧客滿意。

正如你看到的，這三種不同的期望產生了一個大問題，一個巨大的差距。幾乎每一個與我合作的公司都存在巨大的期望差距。換種方式來思考：每一家公司都說自己可以為他人的問題提供解決方案。每個員工都認為自己的工作近乎完美。但是，和員工一樣，公司在說的和做的之間也會顯示出巨大的差距。掛在牆上的公司使命宣言所說的事，和網站上「關於我們」的頁面，兩者之間經常會有差異。

一起來看一看二十世紀七〇年代兩個著名的社會心理學家（達利和巴特森）的研究。為了想更了解是什麼因素會影響人們去幫助他人，他們採用測試經典聖經寓言「好撒瑪利亞人」（The Good Samaritan）[1]的方法來進行研究。這個《聖經》的故事內容如下。有個人被一群暴徒揍得鼻青臉腫，躺在大街上。一位牧師和一個男人一步一步地走向這個人，但沒有提供任何幫助。猜一下結果！最後，停下來幫助和照顧他的是把他打傷的人。這個人被貼上了「好撒瑪利亞人」的標籤，這就是「愛你的敵人」的來源。我們希望牧師停下來伸出援手，畢竟，牧師應該一生致力於幫助他人，但牧師沒有停下來，儘管這個人很明顯急需幫助。

達利和巴特森這兩位社會心理學家在思考這個寓言很長時間後，問了一個聰明又非常簡單的問題：牧師和那個男人當時很忙嗎？他們行色匆匆，是不是正要去什麼地方呢？也許牧師參加婚禮遲到了！為了想知道這是否是一個有效的問題，他們決定找一組神學院學生來重建模擬這個故事。

神學院的學生受邀參加在某一特定時間和地點進行的研究。當他們抵達研究地點時，研究人員告訴他們，研究的地點已經改到校園的另一個房間。其中一組學生被告知必須儘快趕到那裡，因為研究已經要開始了，所以他們最好快點趕到。另一組學生則被告知，研究會在他們到達那個房間後才開始，所以不必匆忙趕過去。

在路上，神學院的學生遇到一個演員躺在路中間，他閉著眼睛，劇烈咳嗽，顯然非常需要別人的幫助。猜猜發生了什麼？學生們會停下來幫忙嗎？他們會去詢問那個人的情況嗎？

並不是所有的學生都停了下來。研究中，只有一些神學院的學生停下來幫忙，近三分之二的學生沒有停下來，被告知要趕過去參加研究的學生中只有一〇%的人停下來幫忙。

看起來，當週末離開學校後，無論他們如何向朋友和家人談論自己的價值觀，一旦遇到一些小麻煩，他們只是表達出自己樂於助人的理念，卻沒有實際伸出援手，僅僅是因為他們「當時忙著趕路」。

我們似乎很容易找到藉口，而不是按照真正的價值觀去做事，不管是個人還是公司。許多公司的使命宣言都說：「我們把品質和顧客服務放在第一位。」但前線的顧客體驗往往與遠大願景是完全相反的。這項研究指出了差距的原因：當我們面臨緊迫的個人問題，或與整個公司的期望有差距時，我們很容易忽略更高的動機。公司很容易說出他們致力於創造世界級的顧客體驗，並確保全公司的每個人一直在這些領域證明自己的能力。但當預算吃緊，或者最後期限迫在眉睫時，就會很容易把目標放在一邊，錯失了完成當前交易的機會，或疏忽處理最新的業務緊急情況（好像下週不會出現另一個新狀況）。

每家公司都說自己是一個學習型組織，每家公司都說自己把顧客放在第一位，但通常情況並非如此。在本章中，將深入了解潛在顧客成為正式顧客後的體驗，以及你需要做些什麼來確保團隊不只是接近顧客。前後不一致可以毀掉一個生意，所以當忠誠循環階段二不同於階段一時，這些可能會再次出現在該階段，並造成同等傷害，或可能會有更多損失。在本章的其餘部分，將討論顧客在這個階段所期望的，以及如何確保能滿足顧客的期望。這是最精采的一部分，雖然這個階段很容易做好，但很多公司都做得很糟糕。

充分了解競爭對手

達美樂披薩創辦人湯姆．莫納漢（Tom Monaghan）外出旅行時，總是會查飯店的電話簿，從當地幾家披薩店訂購披薩。沃爾瑪創辦人山姆．沃爾頓（Sam Walton）去旅行時，都會去凱馬特商店（kmart）看看能為沃爾瑪偷學點什麼。沃爾頓會帶一本筆記本，仔細地在商店裡看，並詳細進行記錄。他會和顧客交談，和員工交談。然後他會把學到的東西帶回沃爾瑪，看看可以在什麼地方進行改進。有太多人把競爭看成是一種威脅，而不是一種學習方式。莫納漢從別家披薩店學習如何打包披薩盒、送貨車的外觀、處理訂單的流程、以及當披薩送到顧客手中時看起來怎麼樣，他對這些問題很感興趣。

有些人遇到競爭時，清楚知道自己在做什麼。他們認為因為銷售類似的產品或服務，他們就必須使用類似的銷售手法，並提供類似的顧客體驗。根據我的經驗，這是改善業務的最有價值方法之一。和你的競爭對手談談，買他們的產品，向你的供應商了解競爭對手。盡可能學習，更重要的是，親身體驗一下。

最近我做了一個小測試。我打電話給各家公司，在語音信箱留言；在網站上寄發訊息給聯絡窗口，然後等待回覆。這些都是我之前從來沒做過的事。接下來，我作為一個顧客，實際購買產品後，向該公司重複這個流程。如果我看到他們在社群媒體上很活躍，我會打電話告訴他們，我填寫了聯絡表或留下一則語音留言，正在等待答覆，然後發生的事情往往就是我等了又等。我發現很多公司跟進顧客的速度大多時候慢得可怕。我堅信，只要快一點，就會比努力做個可愛的人更有價值。我不是在談論投訴，這點將在另一個部分討論，我指的是在忠誠循環的每個階段進行一般性調查。

記住，顧客體驗與愉悅、偶爾的驚訝的關係不大，但與整體良好的關係較大。事實上，在取得協助、提供答案或回答詢問等方面，若能少費點力氣且速度快一點，你的生意訂單就會越多。就是如此容易。這個行動相當簡單，但效果極其強大。它與常青體驗查核有關聯，不過有自己的行動步驟。測量你公司的反應速度。如果不想自己做這件事，就雇用別人來做這件事。

造訪競爭對手的網站並填寫他們的聯絡表格。像山姆．沃爾頓和湯姆．莫納漢一樣，購買競爭對手的產品。看看他們的整個顧客忠誠循環的體驗是什麼樣，以及他們是如何做售後服務。

我有一個客戶想用最大的競爭對手做案例研究。基本上我已完成他們最大競爭對手的常青體驗查核。我向客戶的銷售團隊報告了我的調查，但是沒有告訴他們我在談論哪家公司。我要求他們做審查和評估這項體驗，讓我知道他們的想法。

幾乎每個人都認為這體驗聽起來很棒，而且幾乎所有人都相信這個敘述與他們有關。我向他們解釋這個敘述內容不是關於他們，而是他們最大的競爭對手，然後我將他們的顧客體驗與其最大競爭對手的顧客體驗進行比較後，房間裡就出現了許多不開心的臉。競爭對手為了取悅顧客所做的事，他們只做了四分之一。

我作為客戶的顧問，目標是要改善他們的條件，即使這意味著有些人會因為調查結果感到狼狽。在這種情況下，整個銷售團隊都不再愛我了。

這並不是說競爭對手做得更多，而是想要知道我的客戶能把什麼做得更好。沃爾頓和莫納漢都知道，總有一些事情他們可以做得更好。他們知道，有時這代表需要從別人的角度去看事情。

行動步驟：競爭情報

步驟一：在接下來的五分鐘裡，看看你是否能從競爭對手那邊學到一些你以前不知道的事。問問自己：你學到的是否可以改善或適用於你的公司、部門、當前的努力？

步驟二：制訂一個計畫，深入研究你的主要競爭對手。你可能需要利用外部資源。你可以聘請朋友、家人或專家，利用你的調查來比較競爭對手的顧客體驗和你的顧客體驗。建立整個顧客體驗的敘述，看看與你的體驗是否相符合。在顧客體驗的各個關鍵領域中審視——售前、銷售中和售後。徹底了解你的顧客。以下是一些要了解的內容：

- 你的主要競爭對手是誰？
- 他們採用什麼獨特的策略？
- 他們採用什麼獨特的銷售和行銷方法？
- 他們的網站和你的網站相比如何？
- 壁櫥是凌亂的還是整潔有序的？
- 他們有郵寄名單嗎？
- 加入他們的郵寄名單後發生什麼事？
- 他們在網站上有推薦信、保證書或案例研究嗎？
- 他們的網站上有獨特的賣點嗎？
- 他們如何在忠誠循環的第一階段定位自己？
- 他們有顧客服務電話嗎？
- 有人接電話嗎？
- 多久才有人接電話？
- 他們有店面或辦公室嗎？
- 如果有的話，它是什麼樣子的？

- 描述對它外觀的第一印象。
- 如果它是一個零售空間，商店布局如何？有明亮的燈光，快速迎客，還是有播放音樂？注意布景和氣味。
- 他們的銷售流程是什麼？與你的有什麼不同？
- 你能和他們的顧客談談嗎？
- 你能詢問他們的顧客在售前、銷售中和售後的體驗嗎？
- 他們有線上評論嗎？如果有的話，評論上都說什麼？
- 他們的核心產品和服務與你的有什麼不同？

透過這些問題你會明白這個概念，當然我腦子裡不只有這十幾個問題。如果是我，我會注意競爭對手所做的一切，特別是顧客體驗，以及他們在銷售後如何追蹤。不要把競爭者視為威脅，相反，把他們看作是學習的機會。畢竟，他們是你的競爭對手，這代表他們從原本應該在你這裡購買的顧客那裡賺錢。

電擊狗實驗

商業界裡最暢銷書之一是詹姆．柯林斯（Jim Collins）那本吸引人的優秀作品《從A到A⁺》（*Good to Great*）。從優秀到卓越有多難呢？如果你可以從優秀到卓越，而不需要真正改變什麼，除了要擁有「更了解顧客忠誠循環和滿足顧客在每個階段的期望」的能力，還能怎麼做？對於很多公司來說，從慘淡到優秀的差別，也許就像是打造了一輛載滿更多收入的自動傾卸卡車。我不是說你的公司很慘淡，但進展的過程往往是從慘淡到優秀→優秀到卓越→卓越到世界一流。

我有一位客戶在底特律經營一家寵物狗日托中心，生意很好。我對她進行電話指導，提出一個做法：以科學和顧客體驗的名義去驚嚇顧客的寵物狗，電話那頭沉默了下來。當然，我是開玩笑的，但我們最喜歡的社會心理學家馬汀．塞利格曼博士，他在一九六五年做這項研究的時候[2]，並不是開玩笑的。他的研究對整個顧客忠誠循環產生了深遠的影響，並且發現讓顧客在整個循環中獲得服務其實不困難，這個發現非常重要。事實上，這個發現為我們提供極好的機會，讓我們有機會快速地從優秀進展到卓越。

在塞利格曼的實驗中，狗被放進一個封閉的小房間，這些狗在房間裡因為受到電擊而無法做任何事情。研究人員會先敲鐘，然後再電擊狗。這個想法很簡單，狗會習慣於把鐘聲和不愉快的電擊連結起來。起初，狗會嘗試不同的行為來尋找解決方法，牠可能會試圖離開，或者跳過小柵欄來躲避，但怎樣都沒幫助。由於一次又一次的電擊，狗變得越來越無助。最後，狗會放棄，不再嘗試。即使後來條件改變了——狗可以透過完成一個簡單的動作來避免被電擊（例如跳過柵欄），但狗還是什麼都不做，躺下來接受電擊。為什麼？因為狗學會了（並且確信）沒有什麼能幫上忙，所以試圖逃避是沒有意義的，即便已經可以逃跑，狗都不會試圖躲避電擊。這種情況被稱為「習得的無助感」（learned helplessness）。習得的無助感可以解釋為，個體知道自己無法逃避某些負面的情況，所以即使情況改變了，他們也不會費心去改變。

「習得的無助感」研究被擴展到其他環境中。例如，在一項研究中，受試者在一個有分散注意力噪音的環境裡進行腦力工作。一組受試者可以關掉噪音，另一組不能。有趣的是，前一組很少關掉噪音，但他們的表現遠遠好過那些無法控制噪音、同樣做著腦力工作的無助受試者。這種現象的解釋就是：前一組對噪音有控制權，而正是這種控制感使這組的表現與第二組不同。我們知道，缺乏控制是導致壓力的有害因素之一。

無助的顧客

這種習得的無助感的概念已應用於不同情況，如精神疾病或虐待等，也可以在公司環境中發揮作用。這個概念可以運用在顧客服務中，它不僅僅在忠誠循環階段三很重要，在整個循環中也很重要。

舉個例子，顧客打電話到公司的求助熱線，他們撥了電話號碼，在線上等了一個小時，然後被轉接到一個不知道他們問題答案的人那裡，他甚至連自己的話術都說不出來。接電話的客服告訴顧客需要再轉接電話，但電話卻斷線了。我敢打賭，所有讀這本書的人可能都經歷過類似的事情。

顧客再次打電話，重複這個循環。他們又試了一次，從接電話的客服轉到另一個客服，直到他們累了，最後才掛掉電話。下一次顧客有問題的時候，他們很可能不會再打電話，因為他們明白打電話是無用的。他們會對這家公司產生一種習得的無助感，這種體驗通常令人沮喪。它使人感到無助和絕望，而這絕對不是那種致力於以顧客為中心的公司所要的顧客體驗。

習得的無助感反應出大腦中影響全身的物理過程。身體有一個基本的基礎構造，表現出戰鬥／投降的動態。自主神經系統分為交感神經和副交感神經。交感神經負責活化產生腎上腺素和激素的戰鬥／逃跑反應，並將血液從器官輸送到肌肉；簡言之，它激勵著你，提供你戰鬥的資源。副交感神經則相反，支持無助和抑鬱。我們為控制而戰，但如果戰鬥太困難，就只有放棄。

從神經學角度看，大腦決定不值得為此再消耗任何能量，於是進入保護模式。大多數動物都有應對危險而「裝死」的策略，這種策略只需要消耗很少的能量。人類在危及生命的情況下會做同樣的事，此時伴隨人們的思想是，「我不能再為此煩惱了」。在真正威脅的情況下，裝死是一種欺騙敵人的策略，誘使敵人相信我們不再是威脅或確實是死了。在某些方面，那些處於戰鬥／逃跑狀態下的憤怒、沮喪顧客，比剛選擇放棄的顧客更容易對付。放棄的人不再與你接觸，你可能永遠失去他們。他們不只是在裝死，而是已經離開了你的世界。

到目前為止，顧客服務在整個忠誠循環中扮演著重要的角色，這不再是一個祕密。當然，有個重要的區別是，你的顧客不是狗（至少我不這麼認為）！顧客不像狗，他們有機會從被電擊的房間裡找到出路。現在比以前更容易找到一個新的保險代理人去賣你的車，也更容易得到或找到另一個供應商。對於複雜的B2B公司亦是如此。現在的競爭比以往任何時候都要多，購買競爭也比以往任何時候都更容易、更快。一次又一次，這就是問題會發生的地方。正如你看到的，當競爭很少時，即使一些公司的服務非常糟糕，他們都可以僥倖成功。然而對於像無助的狗一樣躺著的消費者來說，這是一件悲哀的事，不過卻顯示了公司迅速失去從優秀走向卓越的機會。

對於大多數公司來說，顧客服務是一個非常容易令人誤解的焦點領域。我有充分的理由相信，大多數專家、大師、作家和顧問在談到或寫到這些話題時都會被誤導。

例如，他們告訴人們說「謝謝你」是多麼重要，這一點你已經知道。幸運的是，我不是他們當中的一員。每當我聽到所謂的顧客服務專家對觀眾說的內容，僅僅是提供給顧客更好的服務之類的陳詞濫調時，我都會很沮喪。這在理論上是有意義的，但大部分生意人為了得到一個簡單的感謝，都只會做表面的工作。我們要的不只是得到顧客的認同，更多時候是在維護始終一致的顧客體驗。

至於其他人，似乎是藉由分享做得對的公司的經驗來勉強應付過去。例如，亞馬遜上有超過四千本書直接指出Zappos是這個地球上最重要的顧客服務組織之一。在這之中的大多數人只是分享他們收集來的誇張故事和體驗，以及公司在服務方面做得不錯的例子。例如，當我聽到有人說麗思卡爾頓飯店和毛絨玩具的故事，我就不想買那本書了！[3]謝天謝地，我會儘量不做類似的事情。我們來看看顧客服務學，當你的公司提供了卓越的顧客體驗時，你的公司將能蓬勃發展。

關於「習得的無助感」，讓我想起了加拿大無線產業的幾間主要公司。他們的服務非常糟糕，但他們僥倖成功了。加拿大有寡頭壟斷，少數公司獲利豐厚，但服務太差。他們對待顧客的態度很糟糕，收取的價格太高，而我們像無助的狗一樣無能為力，遇到電擊只能躺下，完全沒有顧客忠誠可言。如果用Google搜尋快速查詢加拿大無線公司的名稱，一定會搜尋出數十萬則不滿意的顧客評論。顧客感到壓力和沮喪，但他們什麼也做不了，我想也許有一天他們可以做些什麼。

對你和你的公司來說，最好的辦法就是達到「哇噢」和「卓越」的服務，這並不難實現。這是你的機會！不同之處是，你可以真的提供這種服務，而不只是說說而已。你會這麼做吧？許多公司意識到時代已經改變，但如果他們「繼續電擊狗」，他們將會發現已沒有狗留下來接受他們的電擊。下面就是一個例子。

取悅顧客

蓋瑞．傅利曼（Gary Friedman）是美國家具品牌RH（Restoration Hardware）的CEO，該公司是一家高級家具零售商，年收入五億美元。二〇一六年初，傅利曼對員工發布了一份嚴厲的備忘錄，告訴他們要麼取悅顧客，要麼重新找份新工作。[4]備忘錄很有意思，傅利曼解釋說，公司什麼事都在擔心，除了顧客以外。聽起來是不是覺得很耳熟？但在這本書中，不會有這一點。

他用一棟燃燒的建築物做比喻，他說每個人似乎都很想弄清楚大樓失火的原因和火勢，或是如何滅火，但沒有一個人關心著火的大樓裡的顧客。在接受彭博新聞社採訪時，傅利曼說：「沒有人把注意力集中在大樓裡的人身上，他們都著火了。他們的衣服著火了，許多人在大火中死了。我們失去了顧客。」

我們失去了顧客！

公司陷入嚴重的困境。大家知道的不僅僅是該公司出售高級家具，有幾十個網頁專門出售十七美元的燈泡（是的，一個燈泡十七美元），大家還知道了這家公司正在失去顧客、收入和股票價值。在傅利曼發出員工備忘錄的前幾天，該公司的股票下跌超過二六%。傅利曼在備忘錄結束時提到，新的目標就是取悅顧客。備忘錄寫道：「我們現在需要改變我們的文化和態度……目標就是取悅顧客。」

我不知道這是怎麼回事，但我知道「取悅」一詞已經在顧客服務圈裡傳了好一段時間。為什麼取悅的概念如此重要？我相信其中的一個原因是：我們被「顧客滿意」這個訊息所困擾。這是公司必須提供給顧客的最重要的東西之一。然而問題在於，讓顧客只是滿意地離開是不夠的。目標必須是超越滿意，而RH公司經過多年的獲利持續下滑後才認清到這點。滿足永遠都是嫌少不嫌多，我也不確定顧客喜悅的時刻是否足夠，但只要做得對，就有機會為顧客創造美好的回憶。

接下來，我將介紹一個在忠誠循環階段三中最強大的事，就是讓顧客在和你的公司持續交易時擁有不同的記憶。我稱之為「非凡時刻」。

非凡時刻是指在忠誠循環第三階段，在顧客腦海中留下不可磨滅印記的時刻，他們會毫不猶豫地向朋友和家人回憶和解釋，這個購買過程為他們留下特別難忘、讓人想要吶喊狂歡的時刻。

和大家分享一些非凡時刻的例子，這樣你就可以開始了解如何將這些例子運用到業務中，以及你可能為顧客創造的時刻和記憶。

打造非凡時刻

去年，我在舊金山短暫的旅行期間，我的導師兼同事艾倫．魏斯博士，他請我和妻子在聖瑞吉斯飯店的豪華米其林星級餐廳享用美妙的晚餐。飯店大廳外停著一輛供住宿客人免費使用的賓利豪華轎車。我見過其他高檔飯店為客人提供像勞斯萊斯、瑪莎拉蒂的車。相信你也見過這種情況。在加拿大安大略劍橋，一個名為蘭登廳的飯店，最近就提供新款的 Lexus SUV 給入住客人試駕。川普國際酒店更厲害，讓客人乘坐酒店的私人直升機巡遊蘇格蘭海岸線。[5]

想像一下，住在這家酒店，你可以乘坐私人直升機。許多公司為他們的最高端消費者保留這些奢侈福利。然而，能最有效利用這一策略的公司，是那些能讓大多數顧客（即使不是全部）享受奢侈福利的公司。他們利用「特權」為顧客的體驗創造回憶。這些都是非凡時刻，適用於所有類型的公司。以下會提供一些例子和練習來定義及測試你的公司。

有個經濟學問題需要我們思考一下，其中一個主要的問題是：既然顧客已經進入忠誠循環第三階段，為什麼還要花更多的錢來創造非凡時刻？

你會發現這一策略的聰明之處就是，他們提供賓利車的費用大約等於每位顧客支付費用的三％，而這種體驗卻占據了顧客入住飯店的回憶，以及他們與其他人分享飯店入住體驗對話中的九〇％。

這只是個小例子，說明公司如何透過影響情感來製造體驗。他們精心地、有策略地製造記憶，讓顧客想要談論這些體驗。賽斯．高汀曾說過，「卓越」的唯一定義就是做值得評論的事情。這是開啟非凡時刻力量的鑰匙。

順道一提，你認為這些奢侈體驗會讓人們對價格不那麼敏感嗎？當然會！這不代表奢侈的福利應該免費送給每一位顧客，但是公司應該向每一位顧客展示額外的福利，以及如何獲得這些福利。你不需要把體驗獎勵與特定的消費門檻或顧客價值連結起來。相反，公司必須向顧客展示如何透過非常容易的途徑或方法來獲得這些福利。

許多公司都會為了與顧客持續交易而使用花俏的促銷方式，希望能創造顧客忠誠度以及對自家產品的積極聯想。他們使用折扣和各種促銷活動，希望這些促銷活動能讓顧客重新走進他們的大門。嚴酷的事實是，這些對顧客忠誠度影響不大，公司常常在交易結束前就被顧客遺棄了。

不過，聖瑞吉斯飯店很清楚顧客體驗和非凡時刻的力量。他們知道沒有人會記得或談論省下一百美元的房間折扣，但每個人都會記得並想談論賓利轎車。

別忘了顧客忠誠循環前三個階段的流動性。這只是在顧客體驗和第三階段中間做的一個小例子，而不是在顧客體驗開始或結束時，但它仍然會產生持久的記憶。如果在顧客購買前的銷售和行銷中使用的話，可以創造出顧客對未來體驗的想像，以及他們將會對他人講述的故事。例如，我在預訂了安大略劍橋蘭登廳飯店的住宿後，收到一封飯店寄來的電子郵件，歡迎我下榻飯店，同時邀請我在入住期間去體驗駕駛Lexus SUV。當我抵達飯店時，車子就停在大廳外面。

這些只是創造非凡時刻的幾個例子。有賓利轎車的地方，幾乎總是有管家。讓我們再來看幾個例子。

管家

當蝙蝠俠布魯斯．韋恩有需要的時候，老管家阿福總是會出現。即使在蝙蝠洞的深處，阿福都會從陰暗之處走出來，隨時準備為復仇的少主人服務。如果你能擁有自己的阿福呢？

現在許多公司，特別是郵輪公司，已經接受管家的概念。幾十家主要的郵輪公司為顧客提供他們的私人管家服務。這種服務通常是住套房的乘客能預訂的，一般作為升級服務出售，有時則作為餽贈給顧客的驚喜。當其他客人一邊爭搶通過自助餐的排隊路線，一邊還得介意旁邊打噴嚏的警衛時，想像一下，你只要把腳輕輕一抬，你的私人管家就端著一瓶香檳走到你套房門口。他會幫你打開露臺的門，讓佛羅里達州的微風吹進來。郵輪啟航時，你所有的壓力都會隨之飄散。

管家成為客人的私人門童，他們知道如何做好服務，即使是遇到最挑剔的客人。這很了不起！也是我想告訴別人的事情！管家幫助客人處理旅遊行程的安排、預訂船上表演的最好座位和晚餐，並根據客人喜好微調特定的服務，回應客人的每一個問題、關注或要求。

從本質上說，現代郵輪上的管家承擔了所有困難的工作，把郵輪上的豪華程度再往上提高了一個層級，他們扮演郵輪的完美主人，讓幸運的乘客得到壓力釋放並盡情享受航程。船上提供這樣的服務一定很貴吧？絕大多數公司不可能提供這樣一個極盡奢侈的福利，是吧？當然你的公司也不可能提供。

以下是數學和經濟學在這個例子中的作用。每艘大郵輪都會有一個管家團隊，每個管家負責一個小區域的客房和一定數量的客人。

首先，顧客體驗似乎與顧客對航程的期望有點不相符。對我們許多人來說，郵輪並不總是奢侈的。我們想到的是船上到處都是人，房間裡也擠滿了人。我們經常在晚間新聞看到一艘輪船上滿是病人的報導。我們都聽過恐怖的故事。然而，管家會成為顧客一次難忘的經歷和一個非凡時刻。但是郵輪如何提供如此出色的服務呢？你的公司提供不了同等價值的體驗，對嗎？讓我們來做做數學題。

假設，管家每年從公司得到八萬美元的報酬。他每年要搭大約二十五次郵輪，每次他都要為十二個客房服務。郵輪每個房間要價二百五十美元多一點，就可以提供一個夢幻般的小房間。現在問問你自己，這裡的真正目的是增加利潤和創造更多收入嗎？部分是。我們可以保證成本是由消費者支付，但我們假設它不是。不經意間發生的事幾乎沒有任何成本，然而郵輪正在對乘客的腦中注入不可磨滅的記憶。幾乎不用花什麼錢，郵輪就打造了口碑行銷。

在一個很紅的郵輪網站上，一位乘客分享了以下故事：

我在「水晶寧靜」號上，擁有的最好的回憶就是「爸爸」（PaPa）。他從不打擾我們。他會建議在某個晚上，我們可以在特等客房裡享用晚餐，他可以為我們在陽臺上放一張桌子。他把桌子推進來，端上熱騰騰的菜餚。後來我們提出要一些魚子醬招待客人，「爸爸」就帶了香檳、魚子醬、乳酪、新鮮水果給我們，最後還端上葡萄酒和草莓巧克力。我從來沒有被這樣寵過。我永遠不會忘記「水晶寧靜」號上的體驗。

他永遠不會忘記「爸爸」。現在呢？

關鍵的一點是，管家的成本是不相關的。人們會記住管家。人們回家會談論管家。管家用嘴說話。如果一個顧客在你公司花費一萬美元，你願意花二百五十美元在顧客身上，為他們創造一個永生難忘的體驗、一種人們永遠都不會停止談論的體驗嗎？你要是不這麼做就太傻了。如果一家公司想花更少的錢來創造一個有同等影響力的體驗，該怎麼辦呢？你的公司能不能做根本不是一個問題，問題是你能做什麼來創造非凡時刻。

非凡時刻是指獨一無二、迷人的顧客體驗，能讓公司從競爭中脫穎而出。有時這些是指高價值的物品，但非凡時刻的關鍵在於：能產生情感上的連結。最重要的是，能讓你的顧客想去告訴別人他所經歷的故事。

許多行銷人員都認同驚喜隨機這個想法。我建議把驚喜和快樂的概念提升到另一個層次，不過令人震驚的是，不少公司做得並不好。這個策略最美妙之處在於，只要你能做得更好，你就能在競爭中領先。階段三的核心知識之一，就是由你來定義和創造公司的非凡時刻。當你最好的顧客在為你宣傳時，你可以定義這個口碑宣傳的類型。你可以讓口耳相傳被動地發生，或者你可以自己創造。

你要如何打造你的非凡時刻呢？

行動步驟：打造非凡時刻

步驟一：寫下你曾經擁有的最好和最難忘的體驗。也許你會提到一家以卓越的顧客服務而聞名的公司，像迪士尼、諾德斯特龍百貨、Apple公司和亞馬遜，這些都是經常被想到的公司。但或許你有一個更有趣的例子。問問你自己，是什麼讓那次體驗如此非凡？是什麼令你難忘，並留下持久的印象？在你的銷售中，你能做什麼來打造整個體驗中值得紀念的時刻？

步驟二：發展你的非凡時刻。進行一次腦力激盪，而且要樂在其中。想一想忠誠循環階段三的非凡時刻。你能做什麼來讓顧客感到驚喜？你能為顧客提供什麼服務水準，而不會被認為只是標準流程？例如，你能為顧客預留一個奢華的福利嗎？你能像Zappos或諾德斯特龍百貨一樣（幾乎）接受所有的退貨？跳出原本的思維，獲得新的創意。記住，沒有人會關心飯店房間長什麼樣子，但每個人都在談論賓利轎車和管家。你的賓利轎車是哪一款？誰是你的管家？

步驟三：測試一個非凡時刻。記住關鍵的非凡時刻。公司應該仔細思考，如何讓顧客打電話和別人說自己的經歷，「你不會相信發生了什麼事……」非凡時刻也可能是負面的，所以為什麼不去控制他們呢？

再來看幾個例子。

客人一抵達墨西哥聖荷西—戴爾卡布的拉斯維塔納斯帕拉伊索飯店，就會立即去享受寧靜的溫泉日光浴，享受讓人驚喜的十分鐘頸部和足部按摩，釋放乘坐飛機和工作帶來的壓力與擔憂。讓他們如置身天堂般地放鬆，並恢復體力。[6]這就是正確開啟顧客體驗的最好例子！最重要的是，你提供顧客他們肯定會談論的東西。非凡時刻就和它聽起來的一樣：是值得談論的時刻！如果你想要口碑，你就需要常常運用行銷來搭配它。

另一個例子也是在墨西哥的飯店，總督里維艾拉瑪雅酒店。在辦理入住手續後的幾分鐘，「肥皂禮賓員」會來到客房，向客人介紹關於不同類型肥皂的訊息。禮賓員會解釋每種肥皂的香味和好處。客人做出選擇後，禮賓員會為每位客人提供個性化的肥皂。非凡時刻只是你讓顧客擁有體驗的一部分。讓我們來談談顧客體驗學的另一個重要面：對顧客感官的吸引力。

香味的吸引力

無論你愛他或恨他，唐納．川普的飯店是首屈一指的。雖然川普在政治舞臺上使用分裂語言的方式我個人不太喜歡，但我非常喜歡飯店用其姓名建立品牌（其中大部分是私人所有，他沒有直接參與經營）的細節和體驗。我住過其中一些川普飯店，當從外面進去的時候，通常會突然進入一個光線昏暗的大廳，那裡散發著熏香的氣味，空氣中留下不可思議的桉樹香氣。門衛很快地提起你的行李，把它們送到你的房間。招呼過後，前臺服務人員接過你的信用卡，然後遞給你一個銀盤子，裡面放著有香味的熱毛巾讓你擦拭雙手。接下來，服務人員會帶你前往房間，一邊參觀房間，一邊看他們示範如何控制照明和窗簾，他們還會為你介紹枕頭的選項，以及一些其他的清潔服務。

為什麼要用顧客體驗去解決這些問題呢？我的意思是，我已經決定住在那裡了，為什麼要有這些額外的東西呢？此時我已過了顧客忠誠循環的第二階段，進入第三階段。好吧，其實必須要這樣做的理由有很多，在這一章節，來看看潛在顧客和顧客走進你公司或造訪你的網站時的氛圍和感覺。更重要的是，我們將討論如何利用這個強大的概念，讓顧客願意花更多的錢與你做交易。

二〇一一年，一項研究發現，當你走進一家商店時，你越放鬆，你花的錢就越多。這讓我回想起自己住過的川普飯店，他們服務的熱情和周到令人難以置信，整個顧客體驗很明顯是經過仔細考量的，從人們抵達的那一刻，到進入房間的那一刻，到消費的那一刻。這一切都是經過精心設計，就像異想天開的芭蕾舞者知道何時、在哪個部分能在觀眾體驗中留下自己的印記。這是我的客戶一直在思考的事情。而在上面的例子，正是這種體驗開始的方式，為我留下深刻的印象。

以下是需要考慮的關鍵問題：

1. 當顧客走進你公司或造訪你的網站商店時，他們感覺如何？
2. 顧客總是很快受到歡迎和接待嗎？
3. 你提供的商業氛圍是平靜的，還是有壓迫感的、緊張、忙碌的？
4. 顧客能夠很快找到他們想要的東西嗎？還是你把商店弄得像一個凌亂的衣櫥？

你去過Apple Store嗎？我去過的大多數Apple Store幾乎總是擠滿了人。一天當中不論哪個時段去都是如此。去那裡的人通常都是喜歡玩Apple最新產品的人。然而，我注意到的一件事是，幾乎每家Apple Store都有一兩個工作人員，他們會很快地與每一位顧客交談。他們會藉由簡單的問候顧客將他們帶到合適的地方，迅速降低顧客們的壓力。相比之下，你到一個大型家庭裝修倉庫尋找像燈泡這種簡單的東西時，卻無人幫助。在擁擠的店裡，你找不到任何人來幫你。哪種體驗更愉快？相信大家幾乎都經歷過這兩種情況。

傳統的研究顯示，我們需要提供給顧客更多的資料、功能和好處，但是在顧客忠誠循環裡，我們可以透過刺激大腦和感官的影響創造體驗。

製造驚喜

YouTube上出現一種現象。人們每年花上數百萬美元做產品開箱並展示商品。馬汀・林斯壯（Martin Lindstrom）的奇妙著作《買我》（*Buyology*）[7]寫到，在網路上開箱熱潮開始時，一個叫尼克・貝利的孩子拍攝自己拆開全新任天堂Wii遊戲機的過程。林斯壯寫道，影片在網上播放後的短短幾小時內，就有超過七萬則的評論。在他的書中，林斯壯解釋為什麼開箱文成為網路熱門話題。

他把觀看別人開箱的慾望歸因於鏡像神經元（mirror neuron）。這些都是我們大腦裡的神經元，用通俗的話來說，這導致我們會反應其他人的行為。我的孩子可能在看到其他孩子打開禮物時的快樂而感到快樂。林斯壯解釋說，鏡像神經元是我們看到別人微笑時我們也會微笑的原因，我們看到別人痛苦時我們會畏縮。這就是笑會傳染的原因。但除此之外，開箱是顧客體驗中被極度低估的部分。

我想很多人都同意這種現象是從Apple開始，Apple公司似乎對其最新產品的包裝和產品本身都很關心。我的孩子們都特別喜歡拆巧克力健達出奇蛋，然後把裡面的玩具組裝在一起。開箱如何融入顧客忠誠循環？你如何理解這些結果呢？其實它和其他東西一樣適合。開箱產品是顧客體驗的一部分。這部分與零售或提供實物產品有關，但對於那些想給顧客意外禮物或獎金的人來說，同樣重要。

當一個潛在顧客決定成為你的正式顧客，而且到目前為止你做的都是正確的事情，那麼顧客不應該對這個決定感到悔恨或焦慮。相反，作為買家他應該興奮且熱切期待拿到產品。就像當我拿到新 iPhone 或 MacBook Pro 時還是會很興奮。Apple 極慎重地關注這部分的體驗，而你若不如此看待的話就太不智了。

想一想：把產品送到你家門口，是體驗的一部分。在家裡打開產品包裝，也是體驗的一部分。幾乎每個人都訂購過產品，只是有時候在收到貨後大失所望。也許包裝的盒子壞了，或者包裝不良。不管如何，此時人們都有一種感覺：「我花光了所有的錢，這就是我買到的？！」或者當包裹送到時，比起預期的快樂，顧客只感受到沮喪，此時他們完全不想把產品從包裝中拿出來。

你運送的是什麼產品？

你交付什麼物品給客戶或顧客？

例如想想關於提案或交付報價。許多公司都會盡可能快速的將這些用電子郵件寄給顧客。報價越多，就越有典型的心態。如果你不將提案或報價用快遞送給潛在顧客，在他們心中是否會認為你給了不合適的價格？我與客戶合作時，這是標準方針的一部分。我通常會問潛在客戶他們希望如何收到提案。如果他們說更喜歡電子郵件的方式，我會這樣做，但我同時會以聯邦快遞寄送兩份有簽名的副本——一份他們的，一份給我的；實際上，這是我給予顧客價值的一個機會，並把它當作整個顧客體驗過程的一部分。

如果你是一個必須將產品運送給顧客的零售商，你能做什麼來增加這部分體驗的附加價值呢？想想上面提到的整個經歷。從收到包裹，打開包裝，你的產品都有仔細包裝嗎？打開你送來的包裹有樂趣嗎？還是你送貨盡可能求快和便宜？如果是這樣的話，你是否也把容易賺取的價值送給他人？你能在包裝裡放些什麼額外的東西？有時這被稱為是糖果盒。

你要開始思考公司生意的每一部分，包括為顧客提供的體驗，以及顧客感受到的體驗。這些幾乎都與體驗所創造的情感有關。記住那句老話：「邏輯使人思考，情感使人行動。」整個顧客體驗是指你在顧客腦中喚起的感覺和情緒。不要浪費這種寶貴的機會。

我想起了casper.com公司[8]，二〇一五年該公司銷售了超過七千五百萬美元的床墊，打亂整個床墊產業。我想不出自己比買床墊更糟糕的顧客體驗了。多年來，我們滿懷期望走進一家商店，花上三十秒到五分鐘在床墊上試躺，然後被要求選擇其中一個，幾天後，一個大卡車把床墊送到家裡來。卡車司機（沒有冒犯他們的意思）往往是粗魯、魁梧的傢伙，他們只想卸完貨後下班。你得請他們脫掉鞋子，這很尷尬，但他們還是讓步了。床墊送進臥室，三個星期後當你一覺醒來，突然發現買到一張可怕的床墊，你的背部疼痛，卻幾乎沒有什麼簡單的方式能退還產品。

Casper公司聲稱，他們的床墊製作完美。他們非常肯定，可以提供顧客在家試睡一百天而無任何風險的床墊。後面我會談論更多關於保證和風險逆轉的心理。Casper說，「試睡一百天，如果你還是不相信，請打電話給我們，我們會取回床墊。」在他們的網站上訂購床墊，五至七天後就有一個漂亮的藍色盒子送到家門口。你看著盒子對自己說，裡面肯定不會裝著一個床墊。這是個長方形的盒子，和你在大學宿舍裡的小冰箱差不多大小。真是讓令人興奮。

然後，你輕輕打開盒子頂部，拿出小塑膠剪刀和一些指示說明，告訴你如何把床墊從盒子裡拿出來，你只需要把床墊放在房間裡，然後撕開塑膠包裝，就可以在房間裡使用了。總括來說，顧客正在體驗一件在購物中從未經歷過的事情，而且在買床墊之前就令人感到興奮期待。接著，你打開塑膠板，慢慢地把床墊完全展開。這真的很像魔術，或者有點像一個十幾歲的男孩終於有機會和啦啦隊隊長跳舞了。

Casper鼓勵你在床墊上面睡覺，在上面蹦跳，可以拍打床墊，確保它適合你。如果不合適的話，歡迎在一百天以內隨時打電話給他們，並要求退款。他們承諾讓這部分的體驗盡可能地沒有壓力。他們所做的一切都非常了不起。他們請當地的二手商店Goodwill或慈善機構救世軍（Salvation Army）來收取你不滿意的床墊，然後捐給當地需要幫助的團體。我覺得這太不可思議了。同時，你付的全部金額會退還到你的信用卡裡。這是一次令人難以置信的顧客體驗，在短短幾年的時間裡，Casper公司的收入就超過七千五百萬美元。如果你問我的感受，我覺得這個數字還不算太少。

這裡有幾個問題需要考慮：

你有多關心產品和服務的交付方式？

你能做些什麼讓顧客在這部分的體驗更滿意？

當你可以提供額外的價值時，你在哪裡尋找最快捷的方法？

當你想到開箱，不要只想到產品，而要想到整個開箱的體驗。顧客入住旅館時的第一個瞬間會是怎樣？他們匆忙趕去按摩嗎？房間裡有水果籃和手寫紙條嗎？

我認識一家出售大型機器的公司，設備的價格可以達到每臺一百萬美元。務必關心你的產品或服務的開箱和交貨過程，這可能會為你的經營結果增加額外的收入。

哦，差點忘了，Casper床墊真的極好，是我睡過最好的床墊。

顧客價值極大化

當談到在零售業為顧客創造瘋狂的購買行為時，我們一定會想到以黃底與藍色粗體大寫字母為標誌的IKEA宜家家居。事實證明，IKEA把一整間臥室裝進等同於Mini Cooper車款大小的三個盒子裡，這種促銷方式並不是特別聰明，但他們知道如何利用心理學來讓顧客買買買。

二〇一一年在社交新聞網站Reddit，IKEA員工進行了一個活動iAMA（這在Reddit的用語意思是：我是一個……可以問我任何問題〔I Am A ……, and Ask Me Anything〕）。在回答一個問題時，他會提到商店的各個部分，大家稱之為「打開錢包」。[9]這些小且相對便宜的物品，散落在受人歡迎的瑞典商店各個角落，意圖讓我們打開錢包。如果你以前去過IKEA，相信看過它們。例如，我最近一次去逛

IKEA的時候，注意到一個裝滿了小鋁盆的黃色大箱子，每個售價四．九五美元。另一個樓梯間裡放著燭臺、茶燈和綠色的小凳子，孩子們可以用這個凳子站在浴室裡。最後這三件物品都和我們一起回家了。

什麼商品可以讓顧客打開他們的錢包？如果你經營的公司並沒有八千多坪的零售空間，你如何做到讓顧客打開錢包？很簡單，一些強大的心理因素可以發生作用。

首先，這些物品很多是在你第一次走進商店時發現的，無論是在樓梯間還是前門入口處的垃圾箱旁。IKEA知道，一旦你決定要購買，你很可能會再次購買。他們很懂得善用顧客的最近一次消費和消費頻率，下一階段將會談論這一點。他們還利用承諾原則，讓你在完成某件事後更有可能堅持到底。

第二，這些物品的價格都很低，但看起來很實用，既然你已經花了這麼多錢，最好把它也扔進購物車裡。誰不需要一個九十九美分的綠色塑膠馬桶刷？

第三，在商店放置重複的物品。你可能不需要一個綠色塑膠馬桶刷，但在第三或第四次看到它，你可能就被說服了。

這裡有幾個問題需要思考：在整個忠誠循環第三階段裡，你可以創造什麼機會來增加顧客價值？若沒有大量令人不快的推銷夾雜在你的銷售中，你如何為顧客創造簡單不費力的購買機會，而且再次購買？這是值得在忠誠循環第三階段探討的問題。

峰終定律與長久印象

值得重提的是，此時大腦的工作方式，強調了創造正確體驗的重要性。大腦二元性會讓我們相信情感和思想之間有明顯的區別。一個是關於感覺，另一個是關於理性。經濟學認為，理性的人總是基於邏輯分析做出最好的財務決策，同樣地，人們過分強調購買決策和消費者行為的合理性。

心理學家丹尼爾・康納曼藉由揭穿理性經濟人的神話而獲得諾貝爾經濟學獎。當你想到情緒和思想之間的動態關係時，就很容易相信：在大腦不同部位的角力中，情緒壓倒了邏輯，反之亦然。然而，有些觀點認為，情感和思想是相互依存的，而不是對立，你不能沒有另一個。這是安東尼奧・達馬西奧（Antonio Damasio）的觀點，他是一位受人尊敬的神經科學家，也是暢銷書《笛卡爾的錯誤：情緒、推理和人腦》（*Descartes' Error: Emotion, Reason, and the Human Brain*）[10]的作者。這種觀點的部分證據來自一些案例：人們因受到神經損傷而影響了大腦的情感區域。這些人沒有變成擺脫情感傷害的邏輯明星，他們甚至無法做出決定。因此，這意味著思想需要一些情感的投入。

前面有提到關於心理學家伊麗莎白．羅芙托斯的著作，情緒會影響知覺和記憶。因此情緒和體驗就有如至高無上的王，因為它們對記憶、知覺和思維有重大的影響。此外，這種體驗的價值並不是連續存在的。體驗越極端，就越被高估，受理性的影響就越小。所以正如我們的情緒不一致（incongruence）會對感知產生負面影響，與非常積極的期望一致的話，能把顧客變成忠誠且熱心的支持者。

如果情緒效價在影響中有重要的作用，那麼顯然，高峰體驗是將顧客轉化為粉絲的關鍵。但高峰體驗的反面是什麼呢？人們假設消極的情緒體驗與高峰體驗相反。如果你激怒一個顧客，他因此對你感到憤怒和沮喪，你很明顯地可能會失去一個顧客。我有一位心理學家朋友，他的經歷和行為可能與這個問題有關。

你如何在餐廳得到良好的服務？我那位心理學家朋友用他所謂的「後衝突補償」得到優質的服務。他是這樣做的：當服務人員第一次過來接待他時，他對一開始的用餐體驗的某些方面表達嚴重不滿。他可能會抱怨桌布或餐具上有汙點，或其他只會產生一些分歧的小事情。通常情況下，服務人員經常會不情願地前來處理顧客的抱怨。

然後，當服務人員再次回來時，我的朋友就會道歉，稱讚服務人員的行為如此專業。他發現在那之後他往往得到卓越的服務。

重點是這種消極情緒可以轉化為極佳的體驗，有時正是因為一開始是負面的，然後被逆轉了。從消極情緒狀態轉變為積極情緒狀態，會是一種非常激勵和有益的體驗，特別是在互動或關係中。這正是你如何能從糟糕狀態迅速轉變為獨特體驗。想想「夫妻的床頭吵床尾和」，道理相同。我將在忠誠循環階段四中討論這個問題。

所以我們考慮了情感兩端的體驗。對於那些很少和情感有連結的體驗，能說些什麼呢？在與你打交道時幾乎沒有情感體驗的顧客，並不會對你的品牌、公司或往來過程有興趣。他們對你的評價既不高也不低，這就是問題所在：他們根本沒有考慮你，所以你對他們毫無意義。他們是可以去其他地方的顧客。他們對你沒有忠誠。

來看看傳統的「顧客旅程」（Customer Journey）與顧客忠誠循環的比較（下頁圖5.1）。傳統的顧客體驗始於關注，但很快就會消失，因為沒有移除阻力，所以在銷售結束後其體驗就會出現下降。這種體驗是不穩定的，通常會逐漸消失。即使公司提供了一次很得體的體驗也不會被人記住，因為公司已經開始追逐新顧客了。與之相比，忠誠循環保持在一個良好的開端，並持續到一個幸福的起點。在忠誠循環中，顧客的

圖5.1　傳統的顧客體驗vs.顧客忠誠循環

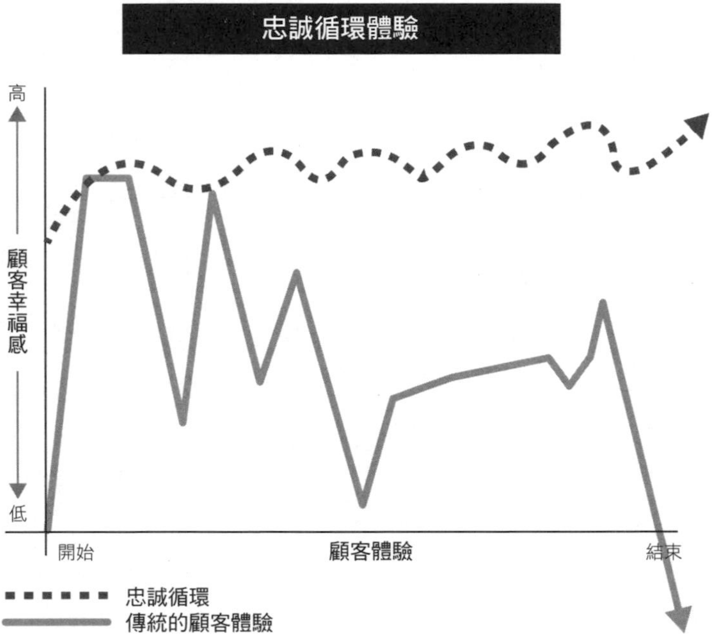

幸福度投入從更高的水準開始，並貫穿始終。典型的顧客體驗像是經過高峰和低谷的雲霄飛車，這就是為何如此多的公司未能給顧客提供難忘和卓越的顧客體驗。

在這本書的前面，我們討論過體驗結束時，如何讓顧客願意重新與公司做交易，以及再體驗一遍，顧客的這個行為非常重要。你可以認為這是你最後一次的體驗，因為這可能是你記憶中最突出的一個。只要你想，此處就是你離開這段關係的地方。這裡就出現了一個被廣泛使用的心理學研究成果——峰終定律（Peak-End Rule）。對我們來說很重要的是：記住並識別出主要的顧客體驗是如何結束的，以及我們能為忠誠循環第四階段奠定怎樣的基礎。

前面談過丹尼爾．康納曼對人們體驗的方式的研究——體驗中的自我和記憶中的自我。康納曼是提出峰終定律理論的核心人物之一。簡言之，峰終定律是一個心理學發現，人們對體驗做出判斷不是基於整個體驗，而是在體驗的頂峰以及體驗結束時。先前舉的一個例子顯示，即使在飯店度過美好的七天，也會被退房時糟糕的經驗所破壞。在高級餐廳的一次用餐體驗會因為與服務生爭論帳單而毀了。或者，像我那位心理學家朋友一樣，把一次糟糕的體驗變成一次極佳的體驗。你的體驗是否確實以應有的方式結束？在忠誠循環階段三，我們需要思考如何結束顧客體驗，以及如何為顧客提供額外的購買體驗。本節的主要問題是，你不能愚蠢到不知道體驗是如何結束的。

- 顧客離開時，他們是如何表達感謝的？
- 如果顧客需要，你最後如何給予他們發票？

- 在B2B情況中，最後是否有一個檢查程序或結尾？
- 在安排諮詢中，是否有正式的專案結束成果會議？
- 你如何讓結尾盡可能地正向積極，或者只是任由其改變？

不要錯過這個為顧客打造記憶的絕佳機會。

許多商家認為一旦得到顧客，艱苦的工作就結束了。現在，我們已經在交付產品和服務的過程中，清楚看到顧客旅程的所有重要部分。在這一點上，公司中很多部門的人認為工作已經完成。他們認為，如果他們把工作做好，顧客就會回來。如果他們讓顧客滿意，顧客很可能就會告訴其他人。如果他們讓顧客高興並為顧客創造了非凡時刻，顧客可能回家後會在屋頂上興奮地大叫。他們認為這一切的發生都不需要任何的安排、努力或程序。這是完全錯誤的想法。

當我和客戶一起工作時，我總會詢問後續的過程，幾乎每個人都用茫然的眼神看著我，這真是既悲傷又真實。在我們開始執行工作——甚至只是一小部分我常常不得不頑強爭論的事情，結果總是令人難以置信。我們來看最後階段，看看如何用在你的銷售中。

常青體驗查核

在本書的前面，提過我和客戶進行一個叫常青體驗查核的過程。與我合作的最低費用是一萬七千五百美元，這是最低的，不過可以獲得明顯的投資報酬率，而在這本書中告訴你的內容，花費不到二十美元就可以得到。如果你想要我來幫助你做這個查核，我會很樂意的。常青體驗查核有五個步驟，目的在了解整個顧客體驗，無論你從事的業務或產業類型是什麼都適合。

在顧客體驗中，很常使用的一個術語是「接觸點」。接觸點是你在忠誠循環的每個階段與顧客接觸的所有時間。在某些情況下，你可能在每個階段只有一個或兩個接觸點。一個公司越大越精密，他們與顧客的接觸點就越多。

第一階段的行銷中會有接觸點，第二階段的銷售過程中也會有接觸點，第三階段你會和身邊的工作人員有多個接觸點，以及當你繼續追蹤顧客時會有額外的接觸點。正如在書中討論過的，即使是一個不好的接觸點也能描繪出所有畫面。體驗的查核目標主要是在維持所有接觸點的一致性。這並不容易。發生在每個階段和遍及各個接觸點的體驗期望，對於高階主管、管理部門、身邊的員工，甚至是你的顧客，都會有很大的不同。

現在我要和你們分享的查核過程，能縮小顧客期望和你實際交付之間的差距，也能縮小人們之間不同期望的差距。我無法強調這樣做有多重要，但事實上，這並不難，你大概不會相信這是多容易的事。而最好委託其他團隊來做這件事的原因是，你和你的團隊會存有偏見。確認偏誤會悄悄出現，讓人們覺得自己做的是對的。真正的結果和力量來自擁有正確專業知識的人，他們能直言不諱。當我接受這種任務時，我已經得到了報酬，我與客戶合作不是為了交朋友。我會創造改變，雖然有時並不總是有效。

一個客戶請我和他們的銷售人員開會。有八十個來自世界各地的人參加為期一天的銷售會議。幾乎每次我發言，後續就會出現大量的工作。我和一些銷售人員談過，也和他們的顧客談過。我還會和管理層和高階主管們交談。我發現他們對整個顧客體驗的期望大相逕庭。我警告我的客戶，我不會輕易做判斷，但也許會說出一些讓人不舒服的話。果然，事情真的發生了。雖然有些與會者說，研討會是「啟發」、「迷人」、「是曾經參與過的最有價值的工作」，但其他人卻沒有這樣的感覺。我對我的客戶說：「總是有人對於改變會感到不安或尋求批判，但這不是我關心的問題。」如果你不委託像我這樣的人來幫助你執行體驗審核，那就尋求你的顧客來幫你，或請其他人為你做。

行動步驟：常青體驗查核

步驟一：過程診斷

第一步要看顧客旅程，因為這事關你的工作，然後進行討論。如果是一個大公司並且有很多部門，這一步只是轉變的開始，以每一階段作為指南來談論整個顧客體驗。例如，哪些顧客接觸點會出現在早期行銷階段，如何成功引領顧客進入，或者他們最後如何在文件虛線上簽名？銷售後如何呢？你明白了吧，在步驟一中，我們只是簡單地觀察情況，了解每一階段發生的事情。你可以使用其他一些步驟來幫助診斷體驗。

步驟二：員工的理解

第二步，測試你的員工。這裡沒有剛好及格或失敗。好吧，這不是真的。你可能會失敗，甚至會慘敗。我在同一個部門的團隊中完成了這一步驟，我想了解的是，對於他們期望的事和正在發生的事，他們是否會有完全不同的期待和理解。在這一步驟中，讓每個人寫出他們「認為正在發生的」和「期望的」所有顧客接觸點。

步驟三：顧客的故事

在第三步，和你的顧客交談。我說的不是採用糟糕和無用的調查，例如NPS這種單個問題形式的調查。而是與他們交談，讓他們來告訴你自己的體驗，閱讀顧客最近的評論和描述。如果某人的體驗聽起來很糟糕，那就去伸出援手，確切地了解他們為什麼生氣。採訪你的顧客並記錄他們的體驗，與適當的團隊分享這些。當我與客戶做這件事時，我們會從忠誠循環第一階段到第四階段的整個顧客體驗中，與幾十位顧客交談，看看顧客在每一次體驗中的感受。

步驟四：臥底老闆

真人實境電視節目《臥底老闆》（*Undercover Boss*）總是讓我發笑，因為它表現出企業家和高階主管們有多自滿。我最喜歡看的場面是，當CEO回到董事會時，大家對老闆的體驗感到震驚。他們真的對所學到的東西感到驚訝嗎？我很懷疑。大多時候我會快速的在Google搜尋，找到他們顧客分享的幾十個恐怖故事。根據我的經驗，CEO和企業家通常對公司日常生活中實際發生的事一無所知。在這個部分，你會想去體驗每個階段中顧客透過眼睛和耳朵體驗到的東西。例如，你想接電話；你想在一線工作；你想去門市看看；你想管理櫃檯或服務臺一天。你知道的，你當然不會想穿著制服。

步驟五：恐怖等級

運用前面四個步驟中所學到的東西，我們可以建立一個恐怖等級。恐怖等級是我從聯邦快遞創辦人之一麥可．貝區（Michael Basch）那裡學到的。在他的著作《贏在客服：打造使命必達的顧客文化》（*Customer Culture: How FedEx and*

Other Great Companies Put the Customer First Every Day），貝區提出一個恐怖等級。在我看來，這是一個奇妙的歷程，運用在常青體驗查核前四個步驟中所學到的知識，依此建立一個行動計畫。當我與顧客進行常青體驗查核時，我們使用稍微不同的歷程，但本質是相同的。

以下列出恐怖等級的四個簡單步驟：

1. 列出你和顧客互動中八個最糟糕的地方。
2. 估算未來三十天的錯誤。聯邦快遞估算出諸如丟失和損壞的包裹等。
3. 把成果加起來，將你的恐怖從壞到最壞進行分類。
4. 逆向操作，從最糟糕的部分開始進行改善。一次改進一個部分。當你在這個部分有了很大的改進時，再繼續下一個。

步驟六：每九十天

每九十天至少安排一天與顧客和員工聯絡互動。如果你的銷售人員是在定點與顧客見面，那麼找一天時間和他們外出拜訪潛在顧客。如果有顧客服務熱線，排一整天的時間去接聽電話，與顧客們交談。或與其他業務一起坐下來看看如何接聽和處理顧客電話。

以上讓你對這個常青體驗歷程有個簡短的了解，你當然可以使用相似類型的體驗查核來檢視自己。但是，如果你對更完整、更深入的體驗有興趣，或是你的公司有多個跨區域的分公司據點（可能是數百個甚至數千個地點）和不同的部門，為顧客提供多種服務產品和多種顧客體驗，有需要的話也可以隨時和我聯繫。

Chapter

06 階段四：成交

如果你創造了一次很好的體驗，顧客也許會告訴他們的朋友，但你並沒有掌握到加速這個環節的方法。我們沒有嘗試去賄賂我們的顧客，讓他們去告訴更多人，也沒有透過慈善捐款和其他方式來鼓勵顧客去告訴更多人，這種做法不是進行口碑宣傳的加速器。最好的口碑宣傳就是創造一次卓越的體驗。

——蓋爾．古德曼（Gail Goodman），線上行銷公司Constant Contact CEO[1]

最近與你完成交易的顧客會更容易再次進行交易，這就是「最近一次消費」（Recency）的力量。而且，顧客與你進行交易的頻率越高，他們就越有可能繼續維持這種行為，這是「消費頻率」（Frequency）的力量。忠誠循環和擁有「維繫保留／忠誠導向」的心態，能提高顧客與你持續做交易的頻率和意願。這在商業世界中通常被稱為RFM模型（最近一次消費、消費頻率、消費金額）。回想這本書的前一階段，可以看出該模型在許多方面是有道理的，特別是顧客在忠誠循環每個階段中的感受。

在二十世紀，德國心理學家赫爾曼．艾賓浩斯（Hermann Ebbinghaus）把類似的概念稱為序列位置效應（serial position effect）[2]。序列位置效應研究的是初始效應和時近效應，類似RFM模型，例如說，初始效應就與忠誠循環第一階段有關，是在顧客心中留下卓越印象的能力，因為初始效應和第一印象有關連。人們更容易記住體驗開始和體驗結束時發生的事情，往往會忘記中間發生的事情。

艾賓浩斯的研究對象就是自己，他致力於學習成千上萬個明顯是「胡說八道」的單詞——由兩個子音和一個母音組成，例如HEB。儘管這些詞沒有意義，但後來的研究顯示，人們會試圖把這些詞與他們已經知道的詞連結起來，從而賦予這些詞某種意義。艾賓浩斯以遺忘曲線著稱，遺忘曲線描述人類大腦對新事物遺忘的規律。他發現遺忘的最大跌幅出現在前二十分鐘，第一個小時的跌幅也比較大。艾賓浩斯還描述了學習曲線，大部分知識都是在第一次學習中學到，只有少數知識是在每次重複後學到的。也許這解釋了「第一印象」的影響，以及忘記初始訊息和知識是很困難的。

艾賓浩斯確定了序列位置效應，即時近和初始似乎可以加強學習效果。艾賓浩斯認為，時近效應之所以發揮作用，是因為訊息仍存留在短期記憶裡；初始效應會發揮作用，是因為相對於表列清單後面的項目，我們有更多時間對最初訊息進行複述掌握和長期記憶。

艾賓浩斯提出另一個相關的概念——「節省」（savings）。他發現，即使已經忘記了曾經學會的東西，但隨後可以比之前更快重新學會，而且比第一次學習時更快。

他認為即使有意忘記一個內容，但它仍然潛伏在潛意識裡，當人們再次接觸時，這個內容很快就會被回想起來。記憶不過是處於「慢跑」中。

這對顧客忠誠度循環有實質的意義。你對待顧客的方式不只與他們的切身體驗有關，也可能喚起他們已經忘記的過去相似體驗。顧客不太可能一直記得他們收到的優質客服服務，直到他們再次收到才會想起。當然，也可能是負面的體驗。每一次你與顧客互動時，你都可能會讓他們想起過去與你交易時的體驗，尤其如果不是無意見的中立互動。

顧客跟進

在顧客忠誠循環中，「最近一次消費」（Recency）對顧客跟進流程和步驟至關重要。近期與你做過生意的人更有可能對你要說的話感興趣。此處有一個很大的區別：關鍵點不是只讓顧客回來而已，是要讓顧客成為越來越「近期」的顧客。與你有更頻繁的交易不是取決於顧客，相反地，這責任在於你、企業家、品牌，是你們要努力讓顧客回來買買買。

大多數公司在忠誠循環第四階段就會放棄顧客跟進，因為他們回到尋找新顧客的興奮中。這個想法已經落伍了。如果我和一家公司做了一次生意，再次聽到這公司的消息已是六或八個月後，那麼他們最好就不用再跟進了。這會讓許多顧客產生負面聯想。如果我在與你做生意後的十天或十五天，你使用正確的方式與我聯絡，那麼無論你發出什麼需求，我都更有可能再與你做生意，而且表現出積極的反應。在這個接觸點上，我們的體驗仍然記憶猶新。

問問你自己，你和顧客的交易結束後多久，你會聯繫顧客進行跟進？他們與你做生意的時間越近，他們就越有可能在接觸時做出反應並對你保持興趣。但需要一種正確合適的聯繫方式。很多人在顧客第一次體驗後，希望能有一次到位的方式建立起正面口碑。為了做到這一點，他們使用一種叫作NPS（Net Promoter Score）的工具。但我認為對於衡量顧客忠誠度，這是一個糟糕的工具。

停止使用NPS

二〇〇三年，貝恩諮詢公司的合作夥伴佛瑞德．賴克霍德（Fred Reichheld）推出淨推薦值（NPS）。[3]它適用於增長收入，因此許多公司導入NPS作為一種管理工具，用來幫助公司評估和理解顧客忠誠度。這個模型非常簡單，並且在過去十年來成為衡量顧客忠誠度最重要的工具之一。例如顧客被問到：「你向朋友或同事推薦（XX品牌／公司）的可能性有多大？」之後用0～10分的計分方式對答案進行分類。這是一個官方的NPS問題。受訪者根據評分可以分成不同的類別：

- 促進者（得分9～10），是忠實的愛好者，他們將繼續購買和推薦其他人來買，促進銷量增長。
- 被動者（得分7～8），是滿意卻缺乏熱情的顧客，但不容易受到競爭對手的影響。
- 批評者（得分0～6），是不愉快的顧客，他們會透過負面的口碑傷害你的品牌，阻礙品牌成長。

將促進者的百分比減去批評者的百分比，就可以得出NPS，其範圍可以低至負100（如果每一個顧客都是批評者）、高達100（如果每一個顧客都是推薦者）。NPS

一直被譽為是終極顧客忠誠度測量工具，但在我看來，它是一個相對無用的工具。我懷疑的是，這讓大型品牌和公司對他們付出的努力感到滿意，因為他們是對所有顧客進行平均觀察；如果大多數顧客被認為是推薦者，那麼一定是公司做了正確的事；如果更多的顧客是被動者，那麼公司就會知道要在哪裡集中精力。

從簡單的統計角度來看，NPS方法有幾個問題。標準問卷的可靠性和有效性，要求顧客按線性比例對服務進行評估。可靠性是指是否有人能對同一問題可靠地提出答案。如果他們沒有這樣做，問卷就沒用了。有效性指一個工具如何衡量它所測量的內容，而這取決於調查的問卷是否可靠。例如，答案真的反應出顧客的觀點嗎？也許他們只是想填好表格，儘快把它寄回去，不在乎準確度。也許答案正好反應出顧客在完成這項評估時所處的情緒。

這是非常主觀的，人們對服務的標準不同，所以某人的等級5的標準可能是另一人的等級9的標準。當在比例上有數字的描述時（例如「10意味著服務是完美的」），這個問題會稍微減少一點，但完美是一種主觀判斷。那麼，在顧客的等級標準和他們會進行購買的機率之間有什麼相關性嗎？評分量表不是人際關係的基準。完成一個典型的評分量表並不是一次高峰體驗，事實上，評分量表不是什麼體驗。

很多評分方法更為有趣和更具互動性，例如，可以添加一個動畫人物來引導你進行評分。在這裡互動是關鍵。儘管與動畫人物的互動可能更有趣、更讓人興奮，但沒有什麼是比藉由適當的人際互動更能建立紐帶、信任和最終的忠誠。當然互動必須是真實的。

如何使你的售後服務溝通（即顧客最近一次購買，也可以是在他或她的下一個購買之前）令人難忘？只是寄送一個別人使用的標準表單，不會讓顧客對你留下深刻印象。使用和別人同樣的方式來詢問顧客同樣的問題，無法使你與競爭對手區別開來，更不會讓顧客對你留下深刻印象。

NPS相對無用還有其他一些明顯的重要原因。舉個例子，不管你在單一調查問題上有多少個推薦者，這都無關緊要，因為除非你有合適的推薦流程和工具來支持你的口碑，否則它就毫無意義。從本質上說，看平均數會錯過一對一的視角、以及改進提升顧客體驗的機會。即使一百個顧客告訴這家公司他們的服務是可怕的——「貴公司的喬尼是個糟糕的客服經理」，他們可能也不會願意做任何改變，因為整體NPS評分仍然很高。而喬尼仍然繼續在損害公司的利益。

賴克霍德在二〇一六年接受彭博新聞社採訪表示，單次購買後的跟進調查已正式

「走下坡路」，因為公司僅透過10分的等級來引誘顧客，而不是以跟進調查來當作改進的機會，或在這種情況下擴大忠誠循環。[4]員工不在乎顧客說什麼，他們會引導顧客給他們打出最高的分數。公司會說，「如果你給我們滿分10分的話，那對我們來說真的很有價值。」這其實是相當有害的，因為這等於向顧客發出一個訊息：「我們真的不在乎你是否快樂，我們只在乎我們得到高分評價。」大公司用這些巨大的投資來堅持NPS，一線員工則引誘顧客做出滿分10分的評價。拿到最後的評分結果就等同於拿到一捆雷曼兄弟的股票——離破產不遠了。

當然，另一個大問題是：數量完全沒有什麼意義，除非你明白銷售後還需要做什麼來挽留顧客或延長忠誠循環，為顧客打造下一個購買行為。即使在顧客體驗中，你創造了非凡的時刻、美好的回憶和積極的感覺，人們最終還是會回到現實生活中，這意味著你上一次的顧客不會每週七天、每天二十四小時都在考慮下次繼續與你做生意。而且事實上，結果幾乎是相反的。

顧客回到正常的生活，孩子生病，車子壞了，要付帳單了，生活還在繼續。誰在乎他們是否在NPS上給你評個10分？重要的是，你確定他們真的會告訴別人關於你、以及他們實際上印象深刻的事？他們真的願意回來繼續購買你的產品？這當中可以有很多的假設。也許最重要的是，在得知分數很差之後，公司是否願意改變。許多做生意的商家對此都難以理解，人們並不是每時每刻都想在他們的產品上花錢。

如果你只問一個愚蠢的NPS問題，你怎麼會知道顧客跟進做得如何？你怎麼會知道哪些需要改進，哪些可以做得更好呢？你怎麼會知道在哪裡進行投資？

在忠誠循環第四階段的工作，是要有正確的過程和步驟，以確保所有這些事情和更多的事情會發生。對顧客而言，忠誠循環是可以重複的，它也會螺旋上升地創造出新顧客和新機會，前提是正確地實施這個忠誠循環歷程。

一致性和熟悉是忠誠循環第四階段的關鍵，他們為口碑和引薦創造合適的環境。即便我首次的體驗是一次好體驗，也不代表我準備好回答一個愚蠢的單一問卷調查。我可能還沒有準備好，在錯誤的時間問我問題，實際上會影響我，讓我對一次好體驗的記憶變糟糕。回想一下前面的章節，看似美好的體驗會被一個糟糕的結局給毀了。更何況我可能只願意參考我第五次或第八次的購買體驗。

在寫這一章的前一天，我收到一家公司寄來的一份調查問卷，四年內我從未在這家公司花過一毛錢。但我還是不斷地收到他們的「顧客專屬通訊」。這是一家年收入五千萬美元的公司，在過去八年中，它已連續六次出現在前五千大的公司名單中。現在你可能會說，「那又如何？他們每年的收入超過五千萬美元。」是的，但是如果他們做得對的話，收入可能會達到一．二五億美元。我敢打賭他們可以做得到。

難道你的工作僅僅是檢查電子郵件，而不是產生更有意義的結果嗎？這就是關鍵區別所在。而且，我從未與這間公司合作過，他們卻寄出調查問卷給我，很明顯地，這不只是錯誤的，還完全不合適，因為我不是他們的顧客，沒有在他們那邊產生消費。這種做法只會給公司帶來負面口碑。

我曾經在一次會議上看到，一位CEO發現下屬沒有跟進一個每年約三千萬美元的報價。他盯著下屬看，大家都一言不發地坐在會議室裡。最後他說：「我們要做的就是：每個月我們都會在公司停車場舉行一場大型的營火晚會。我給你二十五萬美元，這些錢至少能讓我們烤棉花糖吧？」這個例子雖然很苛刻，但很真實。我們來談談後續行動如何進行以及為什麼重要。

90—45法則

我正在與一個B2B客戶進行研討會，一位坐在後面的與會者舉起他的手說：

「我有一件事要說。事實上，這更像是一個故事。」他說了他和一個客戶一起工作的故事。在工作完成後，為了確保一切都按預期執行，他拜訪客戶的公司——一家大餐廳。這份工作做得非常出色，客戶也很興奮。可他卻說：「這是我最後一次聽到他們的消息。」我問他是否有繼續跟進，他回答說沒有。我問銷售團隊裡是否有其他人對這個客戶做跟進，他們也都沒有。我問會議室裡的行銷人員是否有跟進這個客戶，他們說不確定。

接著他又告訴我故事的後半部分。有一天，他再次來到這個客戶的餐廳吃午飯。到那裡時，他發現公司的主要競爭對手正在和他的客戶進行另一個計畫。他們不是因為顧客體驗不好或顧客服務失誤而失去這次生意。事實上，恰好相反。顧客忠誠循環在第四階段失敗，原因是沒有人跟進客戶，沒有人與客戶繼續保持聯繫，沒有人寄送有價值的參考資料給客戶，沒有聯絡客戶關心專案進展如何。這是他們失去生意的唯一原因，就是這樣。

我的另一位客戶也遇到類似的挑戰。他們銷售的產品價格更高，顧客購買週期也不是很頻繁，CEO知道他們在開發以及培養與顧客關係方面做得不夠好。對這位客戶，我們使用了一個簡單且強大的工具，名為90—45法則。我之所以稱它為90—45法則，是因為這些規則是為該顧客的重要日子而打造。

我們制定的規則很簡單。任何在這家公司花過一毛錢的顧客，公司不能超過九十天都沒有和顧客進行十五分鐘的通話，最好是三十分鐘，而且他們的業務代表要親自接聽。

此外，我們為每一個業務代表挑選出前一〇％的顧客，並調整規則，這樣沒有一個顧客在消費後四十五天內沒有得到任何後續跟進。這對你的生意有什麼好處呢？你應該多長時間進行一次顧客跟進並保持聯絡呢？顧客忠誠循環需要主動的努力。你能從循環中得到你放入循環中的東西。對你的生意來說，這可能是一個三七法則。對其他人來說，情況可能完全不同。關鍵是要保持聯絡！當你出現在對你滿意的客戶那邊時，卻發現最強的競爭對手正在做你的生意，這種感覺很可怕，但它發生的次數遠比你想像的多很多。

90—45法則中有一個決定性的構成要素：90—45法則是關於個人的溝通。你越頻繁地與顧客溝通，為他們的利益增加價值，你的公司就會得到越多的收入。這裡的關鍵是：溝通是為了顧客的最大利益，不是為了你自己的利益。對於不好的意圖，人們在一英里外就能嗅到了。

行動步驟：跟進頻率

要確定與你的頂級顧客、供應商、合作夥伴以及其他人保持最佳的溝通頻率。注意，我說的不是最終顧客。想想你的頂級合作夥伴和供應商。為正確的跟進方式確認合適的頻率。哪個對你的生意有意義？是90—45嗎？是三七法則嗎？你必須決定哪一種適合你的工作。

找一種方法來測量和追蹤你的跟進，以保證跟進確實在運作。我一些最好的客戶都採用我公司專門開發的特殊跟進工具（在選三歷程中你會學到更多）。該工具可以提醒你，哪些客戶在何時需要哪種類型的跟進。

步驟一：分配任務和職責。

公司的每個人都應該參與。這不只是銷售人員的歷程。是每個人都應該做的工作。市場行銷CEO或副總裁，應該和可能參與的供應商、經銷商和合作夥伴聯絡。

步驟二：提出異常報告。

大多數培訓和新措施，如90—45法則失敗的原因是沒有人追究責任。在我和客戶做的所有工作中，我們都設置了異常報告。這意味著，如果沒有跟進、測量或記錄的話，跟進就不會有作用。此外，經理、副總裁、企業家和CEO要收到定期報告——關於本應該發生卻未發生的事情。如果他們沒有收到報告，就該追究為什麼沒收到呢？

步驟三：你是否經常與顧客進行更為私人的溝通？與你的團隊集思廣益。

當我解釋一些像90—45法則這般簡單的東西時，我聽到很多反對意見。人們會說，顧客並不想或不願意接聽他們的電話，因為這樣的電話和「簽到」一樣讓人覺得尷尬。九〇%的情況下，我發現顧客離開公司而選擇了競爭對手，這讓某些公司感覺忠誠是非常脆弱的；當我們深入挖掘原因，發現顯然是因為競爭對手經常出現。記住忠誠的定義，忠誠是聯繫，聯繫是感覺。這種感覺是：我和你有關係，你和我也有關係。這是一種與顧客保持開放、誠實、友善和支持的關係。相信我，這是值得的。公司的每個人都必須參與。每一個完成90—45法則的客戶都有可觀的利潤。你可能就是下一個。

選三歷程

高科技時代通常會降低我們的接觸能力，當然，適當地使用高科技能使接觸更有效。我為顧客提供的最簡單又最有效的工具之一，就是選三歷程（Pick-3 Process）。我曾經與一家大型B2B製造公司一起工作，一切所有可能出現問題的地方，這間公司都發生了。他們的競爭對手搶走了客戶和市場占有率，銷售也沒有增加。CEO與我溝通後，他認定我可以幫助公司擺脫困境。我沒有花太多時間解釋到底發生了什麼，而是相對簡單地告訴他們：他們根本沒有跟進客戶。於是他們聘僱我來做跟進。我喜歡這家公司的原因是，他們不是讓某個部門來對當前的狀況負責。相反的，他們的目標是要改變公司的整個文化，因此集中所有部門進行跟進，於是選三歷程就誕生了。類似90—45法則，選三歷程就是在整個組織內部分配特定的忠誠循環相關任務。

當我們透過簡單的工具來保證正確的事情發生時，一切都是順理成章的，如果不是，那麼管理層應該要察覺到這一點。你可能會覺得這個工具聽起來很像顧客關係管理（CRM）、美國顧客關係管理軟體Salesforce、或許多其他的工具，但是這個工具不是和行為或活動有關，而是和「深化與顧客的關係」有關。如果我們提供給客戶的系統沒有太多細節的話，就沒什麼必要發展自己的選三歷程。

建立選三歷程

建立選三歷程很簡單。你和團隊每天都要完成三個與顧客忠誠循環相關的簡單任務，這些就已經足夠了。三個任務，都應該不少於十五分鐘。現在你可能會想，這看起來很簡單，其實這是你利用複利的力量。當我們讓整個部門或公司都做這些任務，產生的結果是驚人的。

如果真的想讓公司以顧客為中心，就可以這樣做。你不用擔心所有其他的事，因為在你用來建立、發展與顧客關係的工作中，選三歷程是不可或缺的關鍵。所以，每天都有任務，每個人都要參加。然後你需要跟進每天都在做的任務。你遴選和重複任務，視進展添加新任務。就像下頁的圖6.1。它可以為你的公司提供幾十種不同選擇。目標是：每位員工每天完成三個任務，達到顧客忠誠度和顧客滿意度。試想一下，如果每天都有成千上萬的這些行動被完成，就能真正實現以顧客為中心。

以下還有一些例子。

圖6.1　選三歷程

選三歷程
3
你的任務在這裡
打電話給三個新客戶
尋找三個推薦
創造三個案例並宣傳它們
徵求三個客戶的推薦
打電話給三個最高價值的客戶
打電話給三個不活躍的客戶
打電話給三個最優質的客戶
提供三個手寫的卡片
拜訪三個供應商

選三範例任務一：打電話給三個讓公司收入最多的顧客

根據消費金額挑選三個最好的顧客，並打電話給他們。檢查他們的顧客記錄，了解他們最後購買的時間和產品。回顧上次公司其他人和他們說話的時間。花三十秒鐘在Google快速搜尋，看看網路上是否有他們的消息，記錄他們最後一次購買或關於他們的任何訊息。記住，這個電話是把顧客的利益擺在你的利益之前。如果你以為打電話給他們是要推銷你的最新產品，那你就錯了。

選三範例任務二：寄送三份手寫紙條

不要低估手寫的力量。在高科技時代，我們已經很少使用這種低技術、高價值的跟進方式，而這種方式是有意義的，且值得保存紀念。有一家公司因為寄送出一萬三千封手寫的感謝信給顧客而生意興隆。我則會經常寄東西給我最好的客戶。我可能會寄一張手寫的小紙條，上面寫著一篇與他們的業務有關的報紙文章。寄三張小明信片或手寫筆記給你的新顧客、現有顧客、供應商等。這種做法成本最小，但投資報酬率是很高的。

我曾經寄給客戶一封手寫信，裡面是與他的工作有關的文章，我因此拿到一個四萬五千美元的專案計畫。我還沒有找到其他行銷工具是可以用一美元成本、五分鐘時間，卻能產生四萬五千美元投資報酬率的。記住，這方式可以用在供應商、經銷商、合資夥伴和其他人。所有這些都有助於創造卓越而難忘的顧客體驗。例如，如果你有合資夥伴，你可以推薦分享顧客，關鍵是要保持一致性，並且滿足期望。

選三範例任務三：打電話給三位不活躍的顧客

找三個最近停止與你做生意，或暫時沒有和你做生意的顧客、供應商、經銷商、零售商或其他人。打電話給他們，詢問他們在做什麼。如果你不知道他們為什麼停止和你做生意，試著去了解原因。看看你能做些什麼來彌補。

選三範例任務四：徵求三位現有顧客的推薦信

打電話給三位現有顧客，並徵求他們的推薦信。我在後面會詳細介紹推薦信。任何地方都可以使用推薦信，也可以用來向你的員工展現顧客的滿意。在忠誠循環階段一的搶占市場使用這些推薦信，在整個體驗中利用它們來強調顧客非常喜愛你們的產品。

選三範例任務五：接觸三位新客戶

挑選三個相對較新的顧客，打電話給他們看看情況如何。看看他們的期望是否得到滿足。詢問他們是否有什麼特別的問題或顧慮。盡你所能提前解決這些問題，而不是以後再來解決。

選三範例任務六：建立自己的任務

正如你所看到，這些都是相對簡單的任務，全都能為現有顧客的體驗增加價值。你可以建立你自己的任務。我和一些客戶已經建立了幾十個簡單而強大的任務，這些任務每天都要完成。你能定期做些什麼來增加更多價值和豐富顧客經驗？這就是選三歷程的意義。

跟進你的結果

要記住的關鍵是，每個人都要對每天完成這些任務負責。我們選擇三的原因是：同一項任務做三次相對容易。此外，正如你所見，所有的任務都非常簡單。最主要的是這些任務都能完成。我們的程序讓人們在落後的情況下能進行異常報告。目的是確保完成這些任務能成為一種習慣。想想複利效應：如果你有十名員工，每天做三個任務，一天就有三十個顧客接觸點，一個月有九百個顧客接觸點，一年則超過一萬個接觸點。想像一下，若辦公室裡有四十名員工或八十名，甚至一百名員工每天做三個任務。也許大多數人甚至無法理解這種專注於顧客保持和顧客忠誠的努力，但這種顧客跟進蘊藏著巨大的能量。

我們為許多合作的客戶提供非常簡單的工具。他們每天登錄系統後，會被隨機分配三項任務。如果他們真的不喜歡今天所做的任務，可以轉回去並請求一項新任務。任務一經派出，會有一段影片，告訴他們如何盡可能有效地完成任務。接下來他們會完成任務並記錄他們所做的事情。如果沒有完成，他們一整天都會被提醒要去執行這項任務。當然，我們也會向企業家、經理、CEO和其他人提交異常報告。與其說這是在培養服從性，不如說是為了擴大業務。想像一下在培養顧客群時會湧現出的複利力量！這就是選三歷程。不要只會說自己的公司是地球上最友善的公司。不要只是聲稱可以給顧客提供一次「哇噢」的體驗。不要只會說顧客第一。使用這個工具，這是你真正做到的。如果你對我們的選三工具感興趣，可以寄電子郵件給我。

數量一致（甚至是品質一致）

顧客忠誠與聯繫有關，而聯繫與感覺有關。我的顧客與讀者的感覺就是：我與他們有聯繫，他們與我也有聯繫。讓我舉個例子給你看。

我的「週二花絮」部落格每週都會向三萬名訂戶寄送時事通訊——《諾亞星期二趣聞》（*Noah's Tuesday Tidbits*）[5]。每個星期二早上七點左右寄出。順帶一提，如果你還沒有訂閱，放下手中的書，登錄noahfleming.com網站，即刻訂閱（編注：此為英文網站）。我發現藉由《諾亞星期二趣聞》不僅可以讓人們比較快速通過忠誠循環第二階段，他們也會長時間依賴我的產品、服務或需要，當我意識到這點時，我開始認真看待我的《諾亞星期二趣聞》。因為許多情況下，人們在忠誠循環第二階段對你產生的信任感，也可能需要耗時數月甚至數年才會建立。

在寫這篇文章的時候，星期二趣聞已經寄送超過二百個星期。每個星期二，不管發生什麼事，趣聞都會按時寄送出去。此處可以學到的經驗是：這些趣聞並不總是完美的。有時當中會有一兩個奇怪的錯字，但內容仍然保持一致性。如果發生一些狀況，電子郵件沒有成功發送進收件匣時，在星期二的上午十點，我就會收到來自潛在顧客以及準顧客的電子郵件，詢問我是否一切都正常，或者有人退訂，我都會去查看時事通訊是否已經投遞出去。這是我對訂戶保證聯繫正常的標誌。

我有一個潛在顧客閱讀我的時事通訊超過兩年。一直以來，這些通訊內容幫助他在腦海中形成一些想法，逐步建立起我們彼此的信任。他一直想和我一起工作，但不確定什麼時間和方式合適。就在某個星期二早上，他告訴我說，有一則通訊內容給了他想法。於是我搭飛機過去和他見面，簽下八萬六千美元的諮詢合約。對我來說這是筆不錯的生意，對他來說這筆投資會產生優質的回報。

這個故事的重點是，「一致性」幾乎比品質更重要。我看過太多公司不能始終如一地與顧客保持溝通。猜猜發生了什麼事？顧客們會忘記你。我一直都看到這樣的事情。在忠誠循環第四階段，要記取的關鍵經驗教訓是：「熟悉」的概念。我每週二的通訊發布不只是發給我的準顧客，還包括現在和以前的顧客。

太多的公司都在尋找一個暢銷市場。他們相信只要在那裡投放一些產品，就會立刻吸引路過的人，但這並不完全正確。那麼，這與忠誠循環第四階段有什麼關係呢？科學告訴我們，你的品牌的曝光度越高，顧客對你的品牌或公司的感受就越積極。對大公司來說，這被簡單地被理解為：定期進行一致的品牌維護活動。品牌的曝光度越高，顧客對品牌的熟悉程度就越高。但我認為幾乎所有的公司都沒有足夠的一致性標準來進行有價值和有吸引力的顧客跟進。社會心理學家建議我們，頻繁接觸某人或某事會產生一種熟悉感。

大品牌、公司和財力雄厚的公司具有穿透心靈的能力。幾乎對所有的公司來說，這是最重要的部分：人們對你公司的看法，和你是誰以及你做什麼有很大關係。這就是為什麼我要做星期二趣聞的時事通訊，我要與我的潛在顧客和讀者建立強大的連結。這就是為什麼簡單的時事通訊可以成為一個小型公司的強大工具。這個簡單的事實就是：每週或每個月都要與目前和未來的顧客保持聯繫。大多數公司不願意做這項額外的工作。你也是嗎？

有科學證據顯示，即使你經常出現，也不代表你的顧客會定期購買，但你和顧客交流越頻繁，他們會買得越多，購買的時間就越長，你與顧客之間的關係就越強。這和最近一次消費、消費頻率、消費金額模型有關，而所有的公司和所有的顧客都會有不同的購買週期。因此了解你的業務週期是至關重要的。

顧客鐵籠

下頁圖6.2是顧客鐵籠（the Customer Iron Cage）。它不是那種典型的人們不願意待著的鐵籠，這種鐵籠是顧客們禁不住想要待在裡面的。首先，我們為顧客提供無抗拒的銷售，沒有任何傳統的說服和操縱銷售策略。在忠誠循環第三階段提供卓越的顧客體驗。最後，透過持續不斷的顧客跟進，開始進入忠誠循環第四階段。相關關係如下頁圖所示。

旋轉木馬理論

旋轉木馬理論（The Carousel Theory），是我用來談論產品和服務的購買頻率術語，它包含了你與顧客交流互動的頻率，顯示所有顧客都會經歷週期。想想遊樂園中的旋轉木馬，它們會上下移動，也會在原地轉圈。一如顧客會有不同的需求，不同的興趣層次，以及不同的銷售需求。

圖6.2　顧客鐵籠

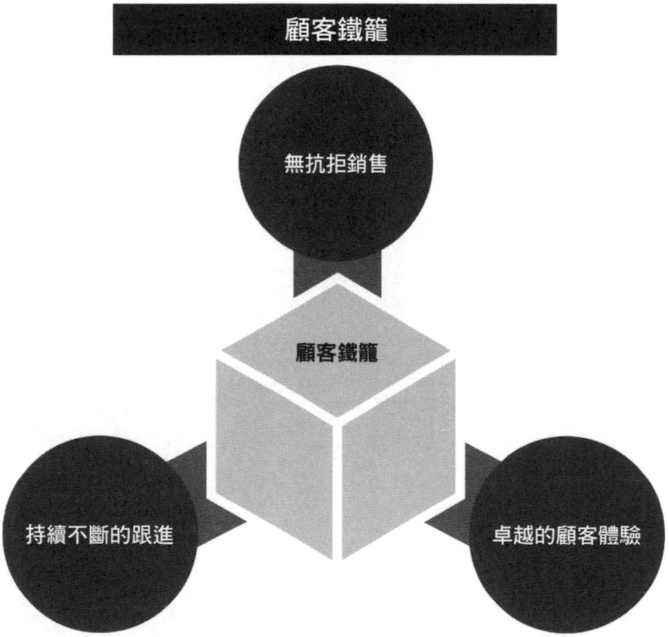

例如，有個顧客今天需要一個床墊，大概十年內他們可能不會再買一個，更不會在未來三週內再買一個，但他可能會購買相關輔助產品和服務，或者他會向其他人提到你的公司產品。他們可能對你的合作夥伴的產品感興趣，並想知道更多關於如何改善睡眠的訊息。如果你在後續的顧客跟進中維持一致，並能一直讓顧客首先就想到你，那麼十年後你就有機會獲得下一次的大生意。但如果你只是想賣東西，那你就錯了。顧客可能有一陣子不會進入購買週期，這是由你的產品和服務來決定。旋轉木馬理論顯示出，不能只憑購買頻率來決定你的下一次跟進，而是要藉由不斷地跟進來建立和培養顧客關係。每個人都喜歡談論如何和顧客建立關係，但實際上沒有人解釋怎麼做到這一點。正如剛才討論過的內容，其中一種方法就是需要定期和一致性。

我們再來看看忠誠循環。假設顧客只到上一次交易為止，那麼一旦他進入了忠誠循環第四階段，就等於正在回到循環的早期階段，但這不表示我們要從零開始。假設初始階段都是積極正面的，我們就從和顧客有密切相關的地方開始。顧客對你和先前在公司的體驗有一定的喜好，因此他們再次回到不論情況好壞的第三階段，就只是時間的問題。所以現在發生的一切都是為了繼續服務、受益，並為顧客的生活增加價值。

圖6.3　旋轉木馬理論

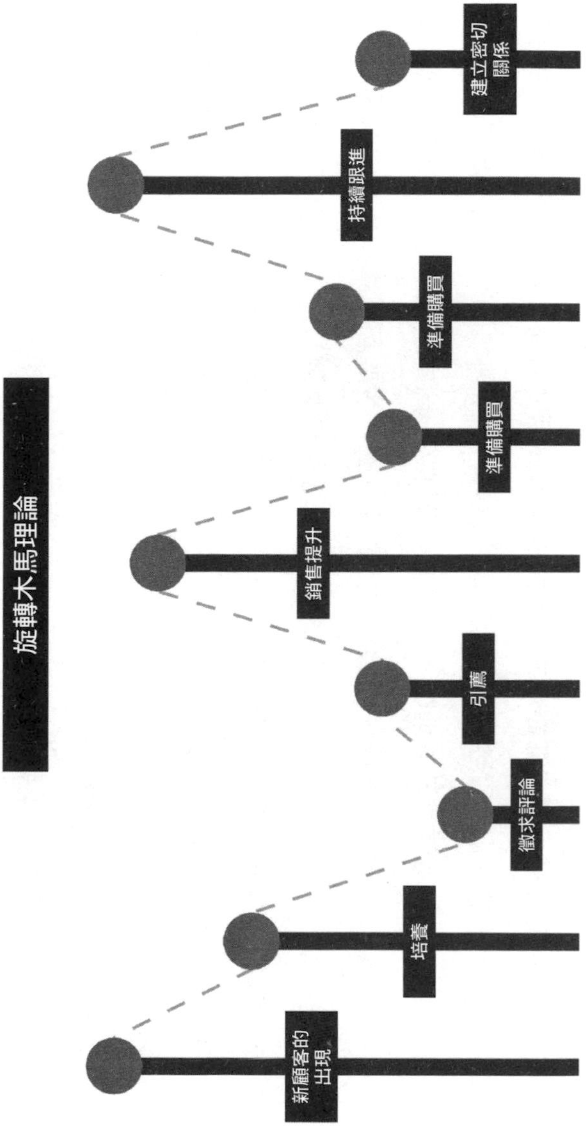
旋轉木馬理論
新顧客的出現
培養
徵求評論
引薦
銷售提升
準備購買
準備購買
持續跟進
建立密切關係

透過增加價值，你與顧客溝通得越多——即使在不適合的情況下不做銷售——你就能獲得越多的信任，將能體驗到越多忠誠循環帶來的周邊利益。如果我部落格的時事通訊一個月只發布一次，或每隔一個月發布一次，甚至不定期發布的話，你認為我的讀者們會感覺親密並和我聯繫嗎？當然不會，但大多數公司都是這樣做的。公司都試圖不斷地做銷售，但卻沒有增加任何額外的價值，他們為此感到煩惱。

當我和客戶討論這個問題時，我聽到這樣的話：「我們是商業地產開發商。顧客或租戶怎麼會有興趣定期聽取我們的意見？」其實這很容易。可以試著和顧客分享當地的經濟和市場趨勢、新的稅收問題、在老房子裡尋找東西、主動維修的案例分析、和其他顧客做過的事情，以及其他省錢或可以賺更多的方法等等。

與顧客建立關係是要向他們表明：比起他們的錢包，你更關心他們這個人。你的顧客會要求得到認同，得到賞識，也許最重要的是：得到理解！旋轉木馬理論認為，你應該維持最重要的思想來培養顧客關係（直到該買東西的時候），但要明白，也可能不是買你產品的時候。然而，當你需要推銷時，你要繼續出現，增加價值，建立關係。這讓人想到最重要的一點：關心和培養你現有的顧客群，這就是合適原因原則（Appropriate Reason）。

合適原因原則

許多公司認為，顧客維繫策略僅僅是定期和頻繁地與顧客群互動交流，只要這樣做，顧客就會繼續購買。其實並不完全如此。一致性比數量更有價值，最近一次消費和消費頻率是顧客保留的關鍵基礎，但最重要的是合適原因原則。這一原則認為，對於所有的顧客跟進訊息和溝通，都有一個合理的理由和適當的時間去做這件事。太多公司不理解這一點，他們在錯誤的時間發出錯誤的訊息。這損害到他們建立顧客忠誠度和發展顧客關係的能力。

在正確的時間將正確的訊息傳達給顧客，就像與朋友通電話，但在錯誤的時間寄送錯誤的消息就像被打了一耳光。在這本書中，我們關注的是顧客在顧客體驗的每一個階段中的感受。銷售完成後的體驗不應被區別對待。顧客在購買後會經歷不同的情緒，有好的、有壞的，也有不堪的。錯誤的訊息會讓積極的購買體驗變得消極負面。下面就是幾個例子。

一家與我有業務往來的公司在忠誠循環階段一到階段三都有愉快的體驗，但他們從不跟進我的情況。我其實很高興他們從來沒有來找我，因為我想看看最後會進展如何，當然這樣做並不全然正確。七個月後我收到了他們的信件。當他們終於來跟進時，是要我在一個評論網站上公開回顧我的體驗。這種顧客跟進太少，而且也太遲了。在這種情況下，公司最好完全不要有任何後續的跟進，而是應該試圖吸引我重新進入顧客週期的早期階段。幾個月後再出現的請求，是一個不恰當的請求。

尤其是銷售人員，他們常常因為在錯誤的時間聯繫而感到內疚，但這通常不是他們的錯。他們認為（他們的收入就是基於這種認為），一旦他們簽署了交易，工作就完成了。他們得到了佣金，於是開始尋找更多的新顧客。

他們認為照顧和培養現有顧客是別人的問題。就像我之前說的，如果銷售和行銷人員不關心銷售後發生了什麼，那他們只完成了五〇％的工作。

一些公司甚至有獨立的團隊致力於維護顧客忠誠度和滿意度，但是他們很少或從未與銷售團隊互動。我不想誇大這種做法存在的根本缺陷。

跟著我重複一下：你要做的最重要的工作是第一次銷售後！你的大部分努力應該是在關心和培養你的顧客。

如果你在不恰當的時間將錯誤訊息傳遞給顧客，你就不可能正確地關心和培養顧客。為了愛護世上所有美好的事物，請永遠不要把顧客的「滿意」外包給沒有銷售責任的部門。

那麼，什麼時候才是合適的時間？

在第六章的忠誠循環第四階段開始時，我引用了線上行銷公司Constant Contact的CEO說的話。我之所以再次提起，是因為這間公司的英文名字Constant Contact，意思是與你的顧客保持聯繫。你溝通得越多，增值得越多，你出現得越多，他們和你做生意的可能性就越大。我相信Constant Contact的CEO蓋爾·古德曼明白這一點。她說，最重要的是創造一次卓越的體驗。我相信她也認為，持續一致的溝通是顧客整體體驗的一部分。

你的顧客希望得到認同和賞識。他們想知道你認同並珍惜他們的投入。你需要仔細、有策略地思考你的「合適原因」。例如，在產品交付後的第二天，你是否可以向顧客要一份推薦信？也許可以，但也許不可以。如果顧客不太可能在三十天、六十天或九十天內體驗到你的產品或服務的好處，在銷售一週後向顧客索要推薦信是沒有意義的。那麼，立即聯絡並確保他們了解產品沒有任何實際問題、或者詢問是否需要任何服務，是有意義的嗎？當然有。這就是一個適當的時機。如果你真的相信自己對顧客友善、服務至上，和Zappos公司一樣，你真的相信自己給顧客提供了「哇噢」的體驗，那麼你就有責任與顧客保持頻繁且始終如一的溝通。

當你收到一個公司的主動聯絡時，通常最初的推測是，他們聯絡你是想從你這裡得到一些東西。這使大多數人立即處於防禦狀態，開始準備好抵抗預期中出現的推銷。這不是一件好事，因為這種抵抗可以延伸到某個特定的電話或電子郵件，甚至是你的品牌。最初的抵抗阻力可能是不可避免的，但真正的問題是，你要如何克服這種阻力呢？

如果你在與顧客通電話，在顧客回答後，你立即說的話是非常重要的。它既可以提升顧客的抗拒力，也可以完全消除。例如，你在自我介紹後的第一句話是：「我很高興告訴你，剛才在完成顧客服務評價後，你在我們的抽獎活動中贏得了一千美元！」那麼他們的抗拒很快就會消失。不幸的是，你不可能對每個顧客都這樣做。有沒有一種情感的等價物，或者至少是一個近似的，可以用來緩和抗拒的阻力，增加連結，而不是對抗呢？

「真實性」是建立融洽關係的關鍵之一。顧客在一定程度上理解公司也有其目標。然而，除非互動是真實的，而且展現出顧客的利益，否則仍然可能會增加阻力。這就意味著要讓顧客知道你的聯繫是出於合適原因。

什麼是合適原因？

我最基本的行銷原則之一是，如果沒有什麼有用和有價值的話，最好不要說出來。有太多人寧可放棄提供巨大價值的機會，希望能在下一次的促銷活動中脫穎而出。所有溝通的目標應該是服務顧客、增加價值、提高顧客的生活品質。頻率會增加喜歡和熟悉度，但具備合適原因的有價值訊息會增加信任度。

在我的「週二花絮」部落格的讀者中，我可以看出最常閱讀的人和後來成為客戶的人之間存在直接相關。對於我的私人客戶，我有一個私人通訊和會員制，叫作諾亞圓桌會議（Noah's Roundtable）。獲得圓桌會議的唯一途徑是成為我的正式客戶。我不會刻意推廣，也不會告訴我的潛在客戶，但是一旦我們開始合作，我才會簡單地向他們介紹。我也能分別出那些經常閱讀觀看的人，以及與我關係最密切的人之間的直接相關性。

我最近參加了一個會議。會上一位副總裁一直保持沉默，在最後才說了幾句話。他說：「我們的顧客不想經常收到我們的來信！他們不想接到我們的電話或電子郵件！他們都很忙！他們只想在準備購買時才聽到我們的消息！」他說的沒錯。顧客當然不想在不恰當的時間聽到你不恰當的消息。

如果我們細想忠誠循環，那麼最合適的溝通互動模式，看起來是源自忠誠循環第一階段中有價值的東西。我們繼續將自己定位為各自產業中先發制人的供應商和專家。我們可以藉由提供寶貴、有用的售後服務來做到這一點。只有在合適的時候，我們才會要求諸如評論、推薦和口碑等東西。對每一個公司來說，情況會有所不同。就合適原因來說，問問自己你還能提供什麼來增加價值和提高顧客的生活品質。這裡有一個提示：只要不是只圖私利，就總是合適的。當你的利益高於顧客的利益時（買這個，評論這個，給我們這個），你就必須對正確的地點和正確的時間有更多的分辨力。

真心對待顧客

在過去的幾年裡，有很多書都在談論「愛你的顧客」和「擁抱你的顧客」的概念。我遇到的主要問題是，當發生與顧客有關的事件後，大家將重點放在解決問題上。他們在本質上是被動的，幾乎所有我參與的重大業務改進都是在我們積極主動的努力下發生的。

在忠誠循環中，我們從開始到結束都對顧客體驗有了更全面的認識。在最後階段，顧客心智的關鍵非常簡單。你應該經常和你的顧客溝通互動，而不僅僅是在他們買東西的時候。你應該不斷地為他們增加新的價值，並對他們表現出你關心他們。如果不這樣做，就會嚴重傷害你的顧客。在大部分的忠誠循環中，都是關於在顧客心中保持首要地位。這與影響力的策略關係不大，而是與這些關係更多：理解顧客在購買歷程中每個階段的感受，以及讓顧客體驗盡可能地正向積極。

像對待會員一樣對待顧客

許多公司根據總消費來決定他們的顧客。他們挑選出前一〇%至二〇%最佳揮金如土的顧客，並讓他們感受到驚喜和關懷。有時這種情況會發生，但有時不會。例如說，昨晚在你虛構的俱樂部裡，比爾．蓋茲舉辦了一場派對。比爾讓所有女子痴迷，他掏出了十萬美元的驚人服務費。一瓶人頭馬路易十三干邑白蘭地就要價六千美元。第二天早上，比爾就是你最好和最有價值的顧客。但不管他第一次是如何來到你的俱樂部，他再次回來的可能性幾乎為零。我確信比爾喜歡參加派對，但這是用總消費來決定「最佳顧客」的謬論。

與此相比，每週有八百三十六個二十五到三十五歲的傢伙，會像發條般有規律地消費六百美元到八百美元。他們才是你最好的顧客，但使用總消費額來衡量，你很可能會錯過他們。你把注意力集中在錯誤的顧客身上，這會讓你付出金錢的代價。比爾・蓋茲不是你最好的顧客。你不可能總是把重點放在個別顧客身上。從目前的價值、未來的業務和推薦的潛力來看，你要了解哪些顧客才是你的首選。你需要了解誰是你最好的顧客，並為他們提供獨有的優惠。

我的好朋友蘿比・凱爾曼・巴克斯特（Robbie Kellman Baxter）在二〇一五年出版了一本精采的書《引爆會員經濟：打造成長駭客的關鍵核心，Netflix、Amazon和Adobe最重要的獲利祕密》（*The Membership Economy: Find Your Super Users, Master the Forever Transaction, and Build Recurring Revenue*）。在這本書中，她分享如何使用會員模式來發展和留住顧客的各種商業案例。會員模式是你可以在忠誠循環中考慮採用的最強大工具之一。如果你的顧客可以透過定期、持續地與你做生意而獲益，那就證明為他們提供解決方案是有意義的。很少有公司考慮這種方式，而蘿比提供了許多不太傳統的例子。

我可以提出一個很好的例子，如果顧客喜歡一家餐廳，那麼提供他們每個月可以重複購買的會員資格就很有意義。我們可以藉由提供一個吸引顧客的非凡體驗和令人難忘的顧客體驗來影響忠誠循環，但是如果你的購買週期和頻率比較短，思考一下你能提供給顧客長期承諾的所有方法。

行動步驟：首選顧客俱樂部

安排一個特殊的項目，甚至定期活動、獎勵、致謝，表現你對現有顧客的欣賞。去年，我舉辦了第一屆常青峰會。在會議的第一天晚上，我邀請六位頂級顧客在加拿大最好的餐廳吃飯。

為你的最佳顧客創造新的忠誠度，並吸引有價值的顧客。多數忠誠計畫是可怕、無效的，他們提供的津貼和獎勵，需要單次消費滿足一定的門檻。我建議可以在其他方面增加附加值，做一點改變。尋找獨特優勢的方法提供給你最好的顧客，例如早期獲得新產品或更高階的服務（例如熱線電話：每週七天每天二十四小時的專屬熱線服務）。還可以考慮以某種花費為基礎，提供顧客優惠價格或獎金。

可以在忠誠循環第四階段的銷售後集思廣益，為你的首選顧客做些額外的事情，讓他們繼續和你的公司買東西。別忘了他們可以成為回頭客。

動腦思考，你可以用什麼方法來擁有會員經濟，並創造能提供給顧客的長期服務。考慮一下正在進行的產品交付、擴展服務、額外服務等等。

打造螺旋式忠誠循環

這本書的核心思想其實很簡單。你並不需要在顧客身上花費大量的時間、精力和資源，你應該大力投資，確保你可以盡所能為顧客提供一個卓越、重要且令人難忘的顧客體驗。如果你想擴大你的生意，增加你的競爭優勢，創造龐大的利潤回報，那麼顧客忠誠循環就是一種方法。

忠誠循環是指在整個顧客體驗中提供價值，且清楚知道整個顧客體驗是包括了潛在顧客從第一次聽說你公司到之後一直感到愉悅的全部體驗。下面要與你分享一個簡短的故事，它是一個真實的故事，能為我們提供完美的比喻來結束這本書。

發揮作用的循環

去年，我家裡需要做一些工程，我要找一個總承包商，所以決定上網看看誰是本地人，誰能幫上忙。我瀏覽了許多網站，填寫了聯絡方式，撥了幾通電話給他們。在我打過的十通電話中，只有一位及時回覆我，至少有四位在我寫下這本書時都還沒有回覆我，還有五位讓我困惑，因為他們要求與我見面之前就簽下協議。他們想在不看工程的實際情況下報價，甚至提出很多問題來了解我真正需要什麼。他們當中只有一人主動提出來我家看看我到底需要什麼。他簡直是令人難以置信，因為有些事情在他來之前已經完成。

首先，當我要和他溝通時，他很快就回覆我，並在九十分鐘之內就到我家。我們先交談，他說了一些引起我注意的話。他說：「你知道的，城裡有很多很出色的承包商，我都認識他們，我相信我們當中的任何一個都會做得很棒！基於你剛才說明的需求，以下是你需要注意的六件事……」他接著針對這六件事開始解釋給我聽。他沒有批評攻擊他的競爭對手，而是向我提供有價值的訊息。他先發制人地創造了一個敘述內容，並用生動和引人入勝的方式說給我聽。這是顧客忠誠循環的第一階段。

兩天後，他又來了，幫我完成了所有的選擇。他正是我期望的樣子。他行動乾淨俐落，開著一輛乾淨整潔的卡車，上面掛有公司的標誌，穿著得體。他花時間幫助我理解所有的誤解。他解釋了在我現有的選擇中哪些是最好的。他說明了選擇最便宜和最昂貴的區別。他花時間解釋每一部分。他還重述了我們在電話中討論過關於需要注意的一切。最後，他花時間傾聽所有我在意的部分，並回答我的問題。不用說，他消除了顧客在轉換過程中的所有阻力。這是顧客忠誠循環的第二階段。

到了開工的當天，他的團隊乘坐一輛卡車來。他們乾淨、專業、彬彬有禮。當他們抵達時，有人先按門鈴，告訴我說他們要開始工作了。當時還是清晨，我的孩子們剛剛睡醒。他們想先知會我們，我們可能會聽到一些設備運轉的聲音，不過整體來說，不會太過大聲。幾個小時後，孩子們在車道上玩耍，而他們繼續工作。他們沒有在我的草坪上亂扔菸頭，沒有使用不當的語言，也沒有大聲地聽音樂。相反，他們好好地完成了這項工程！我的孩子們很喜歡看他們午休時在做些什麼。他們每天都會向我報告好幾次工程的進度。這讓我留下很深刻的印象！大約過了半天，他們老闆來視察團隊的工作進展。我看見他和那些夥伴交談，並觀看了一些東西。他請我過去，指出我還需要做一些額外的維修。

你以為他是在推銷嗎？不，事實上，他說他自己做不了這項工作，但他可以推薦鎮上一些人來做這件事。當然他向我解釋，如果我採納他的建議，他將可以從他們那裡得到仲介費，而他會給我折扣。他向我保證後續的所有工作都會是一流的，他只會推薦能把事情做好的人，因為這事關他的名聲。對我來說，這確實是一個非凡時刻！我以前從未接觸過這樣的承包商。

中間他離開一段時間，然後在一天工程結束後回來檢查情況。不用說，他們做得很棒。當我問是否需要馬上開支票給他時，他說會先給我發票，之後再付款，而且不著急。幾天後，發票上有一張承包商的手寫紙條，上面寫到：如果有任何問題，可以直接和我聯絡。這是顧客忠誠循環的第三階段。

幾個月過去了，我的生活恢復正常。那段時間，我已經跟許多需要做各種工程的人提到這位承包商至少十幾次。大約三個月後，我女兒對我說：「爸爸，他們又來了。」我看到承包商他們在外面檢查。我出去和他們打招呼。他很友善地告訴我，他只是順便過來看看，並且謝謝我介紹其他工程給他。他說自己在做查看並記錄，以確保工程的品質。就是這樣。然後，他問我是否願意提供推薦信讓他放在他們網站上。我當然很樂意推薦。現在我已經進入顧客忠誠循環的第四階段。

這位承包商提供給我的顧客體驗，超越了我在數百萬甚至數十億美元的公司所親眼見證的一切。這還不是最重要的，最重要的是，他建立了這種卓越的顧客體驗，而且每一次他都堅持這種顧客體驗。他了解顧客忠誠循環的每個階段，以嚴肅、尊重、超越任何競爭對手的水準來處理顧客體驗的每一部分。

在過去的十年裡，我和不少非常有才華的人在一些非常成功的公司裡一起工作，我竭盡全力地把這本書中的觀點運用到他們的公司中。當我請他們執行一小部分必要的任務時，結果都很戲劇化，他們總是很感激自己最終讓步和傾聽。

大公司往往會陷入內部的政治鬥爭，因而不敢挑戰一些部門，或者出現分析麻痺，他們不知道如何客觀看待從最初的接觸點到成交的整個顧客體驗。看了這個故事，現在我想應該沒有藉口了吧。

你的公司可能很大，或者你的生意可能很小，那沒關係。重要的是，這個簡短故事提醒了大家，無論你是大公司還是單打獨鬥的小公司，成功的銷售和行銷的基本結構是一樣的。如果你能正確使用顧客體驗，你就贏了。你會贏得每一個顧客。

所以，讓我們在這裡用一個簡單的問題來結束這本書：你的顧客體驗和我的工程承包商提供的顧客體驗相比，如何呢？和他的一樣好嗎？如果沒有的話，那我們應該談談。

致謝

寫書的時候，會有很多人在一旁為你加油打氣。越接近終章的時候，這種鼓勵就越多，直到在人們的歡呼聲中收尾。我曾經試過很流行的赤腳跑步，結果跑完後雙腳疼痛不已。這讓我意識到在多倫多市中心的柏油路上赤腳跑步絕不是一個妙策，接下來的幾天我得為自己的這個選擇付出代價。

其實我想說，在寫書的過程中我要感謝很多人，但無法一一致謝，就向大家舉手示意表示感謝，謝謝大家！

當然，還要感謝我的家人。我在寫書時，他們用各種方式鼓勵我：「加油！爸爸，加油！」他們的每一聲鼓勵猶如營養品滋潤著我，猶如彩旗鼓舞著我。希瑟、阿瓦隆、艾拉，謝謝你們！我愛你們！

感謝過去幾年一直和我一起工作的客戶們！為我們接下來的成功喝采吧！

特別感謝我的經紀人埃斯蒙德・哈姆斯沃思，謝謝你一直支持我的工作和想法。

當然我不會忘記我的天才表妹霍利・巴里馬為這本英文書設計出一級棒的視覺效果。

感謝出版社的工作人員，謝謝你們給予我的信任！

注釋

前言

1. Noah Fleming, *Cultivate the Enduring Customer Loyalty That Keeps Your Business Thriving* (New York: Amacom, 2015).
2. Jenny Beightol, “Small Business Survey 2016: Marketing & Customer Retention Trends,” *Belly,* May 10, 2016, *www.bellycard.com/resources/customer-retention-marketing-insights*.
3. Robert Cialdini, *Influence: The Psychology of Persuasion* (New York: Collins, 2007).

第1章

1. Daniel Kahneman, *Thinking, Fast and Slow* (New York: Farrar, Straus, and Giroux, 2013).
2. Leon Festinger, *A Theory of Cognitive Dissonance* (Stanford, Calif. : Stanford University Press,1957).
3. Check out Elizabeth Loftus’s fantastic Ted Talk, *How Reliable Is Your Memory?*, *www.ted.com/talks/elizabeth_loftus_the_fiction_of_memory*.

4. Daniel Simons, Counter-Intuition, *www.youtube.com/watch?v=eb4TM19DYDY*.
5. Melanie Tannenbaum, "Are Your 9/11 Memories Really Your Own?", *Scientific American,* September 11, 2013, *http://blogs.scientificamerican.com/psysociety/are-your-911-memories-really-your-own/*.
6. *Business News Daily*, "Relaxed Shoppers Spend More Money".
7. Sheena Iyengar, *The Art of Choosing* (New York: Hatchette Book Group, 2010).

第11章

1. Julian Watkins, *The 100 Greatest Advertisements 1852–1958: Who Wrote Them and What They Did* (New York: Dover Publications, 2012).
2. Want to try and win the $100 bounty? Check out the hunt here: *www.antarctic-circle.org/advert.htm*.
3. *https://en.wikipedia.org/wiki/Scientific_Advertising*
4. Jay Abraham has fantastic tactical marketing materials on the power of preeminent marketing. Check out all of Jay's material, but start with *Getting Everything You Can Out of All You've Got*.
5. Ad Age and Schlitz Brewing purity claims: http://adage.com/article/adage-encyclopedia/schlitz-brewing/98868/
6. Dan Gilbert, *Stumbling on Happiness* (New York: Vintage Books, 2007).

7. A collection of fascinating social experiments can be found in the book *Experiments With People: Revelations From Social Psychology* by Robert P. Abelson, Kurt P. Frey, and Aiden P. Gregg (New York: Psychology Press, 2012).

第四章

1. Check out *Evergreen* and my blog to understand the concept of the Messy Closet Theory. The theory suggests that organization is often far more desirable than a messy, confusing closet. This concept applies to your storefront, your website, your phone systems, and so on. *http://noahfleming.com/the-messy-closet-theory-customer-experience/*
2. In *Glengarry Glen Ross*, Alec Baldwin's character delivers one of the most fantastic monologues ever. View it here: *www.youtube.com/watch?v=Q4PE2hSqVnk*
3. "Jets bringing their own toilet paper to London because 'why not?'," by Zac Jackson, NBCSports, October 1, 2015.
4. Erik Knowles, "Resistance and Persuasion".
5. Jay Haley, Uncommon Therapy: The Psychiatric Techniques of Milton H. Erickson (New York: W. W. Norton, 1993).

第五章

1. John M. Darley and Daniel C. Batson, "'From Jerusalem to Jericho': A Study of Situational and Dispositional Variables in Helping Behavior," *Journal of Personality and Social Psychology* 27 (July 1973).
2. Martin E. P. Seligman, "Learned Helplessness," *Annual Review of Medicine* 23 (February 1973),401–412.
3. Chris Hurn, "Stuffed Giraffe Shows What Customer Service Is All About," *The Huffington Post*, updated July 17, 2012. This is the story used by every customer service speaker on the planet: *www.huffingtonpost.com/chris-hurn/stuffed-giraffe-shows-wha_b_1524038.html*.
4. Lindsey Rupp, "Delight the Customer or Lose Your Job: Restoration Hardware CEO Sends Scorching Memo." Bloomberg, February 25, 2016.
5. See the e-mail sent to Donald Trump's e-mail database about using his helicopter in Scotland: *http://noahfleming.com/how-to-borrow-donald-trumps-helicopter/*.
6. Andrea Petersen, "How Luxury Hotels Decide If You Deserve a Perk," *The Wall Street Journal*, April 29, 2015.
7. Martin Lindstrom, *Buyology: Truth and Lies About Why We Buy* (New York: Broadway Books, 2010).
8. Casper.com, the best mattress ever.

9. Ikea employees share information on the "Open the Wallet" sections of the store. *http://mentalfloss.com/article/73388/19-behind-scenes-secrets-ikea-employees*
10. Antonio Damasio, *Descartes' Error: Emotion, Reason and the Human Brain* (New York: Penguin, 2005).

第六章

1. Gail Goodman, "How Gail Goodman Built Constant Contact's Funnel to Build the $1 Billion Email Marketing Empire".
2. The Serial Position Effect, *https://en.wikipedia.org/wiki/Serial_position_effect*.
3. Learn more about NPS at *http://NetPromoter.com*.
4. Jennifer Kaplan, "The Inventor of Customer Satisfaction Surveys Is Sick of Them, Too," Bloomberg Technology, May 4, 2016.
5. Sign up for my *Tuesday Tidbit* at *http://NoahFleming.com*.

常客行銷（二版）：消費者為何再次購買？銷售如何持續不斷？

The Customer Loyalty Loop: The Science Behind Creating Great Experiences and Lasting Impressions

作　　者　諾亞・弗雷明（Noah Fleming）
譯　　者　吳靜
責任編輯　夏于翔
協力編輯　王彥萍
內頁構成　李秀菊
封面美術　萬勝安

總 編 輯　蘇拾平
副總編輯　王辰元
資深主編　夏于翔
主　　編　李明瑾
業務發行　王綬晨、邱紹溢、劉文雅
行　　銷　廖倚萱
出　　版　日出出版
　　　　　地址：231030新北市新店區北新路三段207-3號5樓
　　　　　電話：02-8913-1005　傳真：02-8913-1056
　　　　　網址：www.sunrisepress.com.tw
　　　　　E-mail信箱：sunrisepress@andbooks.com.tw

發　　行　大雁出版基地
　　　　　地址：231030新北市新店區北新路三段207-3號5樓
　　　　　電話：02-8913-1005　傳真：02-8913-1056
　　　　　讀者服務信箱：andbooks@andbooks.com.tw
　　　　　劃撥帳號：19983379　戶名：大雁文化事業股份有限公司

印　　刷　中原造像股份有限公司
二版一刷　2024年5月
定　　價　460元
I S B N　978-626-7460-35-1

國家圖書館出版品預行編目（CIP）資料

常客行銷：消費者為何再次購買？銷售如何持續不斷？／諾亞・弗雷明（Noah Fleming）著；吳靜譯. -- 二版. -- 新北市：日出出版：大雁出版基地發行, 2024.5
256面；15×21公分
譯自：The customer loyalty loop : the science behind creating great experiences and lasting impressions
ISBN 978-626-7460-35-1（平裝）
1.行銷學　2.顧客關係管理　3.顧客服務
496　　113006407